新时代中国生物多样性与保护丛书

The Series on China's Biodiversity and Protection in the New Era

中国生态学学会　组编

中国动物多样性与保护

Animal Diversity and Conservation in China

孙　忻　孙路阳　熊品贞　张劲硕　编著

河南科学技术出版社

· 郑州 ·

图书在版编目（CIP）数据

中国动物多样性与保护 / 中国生态学学会组编；孙忻等编著. —郑州：河南科学技术出版社，2022.1

（新时代中国生物多样性与保护丛书）

ISBN 978-7-5725-0511-9

Ⅰ. ①中…　Ⅱ. ①中… ②孙…　Ⅲ. ①生物多样性–生物资源保护–研究–中国　Ⅳ. ①X176

中国版本图书馆CIP数据核字（2021）第123407号

出版发行：河南科学技术出版社

地址：郑州市郑东新区祥盛街27号　邮编：450016

电话：（0371）65788629　65788613

网址：www.hnstp.cn

选题策划：张　勇

责任编辑：陈淑芹

责任校对：牛艳春

整体设计：张　伟

责任印制：张艳芳

印　　刷：河南博雅彩印有限公司

经　　销：全国新华书店

开　　本：787 mm × 1092 mm　1/16　　印张：10.5　　字数：150千字

版　　次：2022年1月第1版　　2022年1月第1次印刷

定　　价：78.00元

序言

生物多样性是地球上所有动物、植物、微生物及其遗传变异和生态系统的总称。习近平总书记指出："生物多样性关系人类福祉，是人类赖以生存和发展的重要基础。"生物多样性是全人类珍贵的自然遗产，保护生物多样性、共建万物和谐的美丽世界不仅是当前经济社会发展的迫切需要，也是人类的历史使命。

我国国土辽阔、海域宽广，自然条件复杂多样，加之较古老的地质史，形成了千姿百态的生态系统类型和自然景观，孕育了极其丰富的植物、动物和微生物物种。

我国是全球自然生态系统类型最多样的国家之一，包括森林、灌丛、草地、荒漠、高山冻原与海洋等。在陆地自然生态系统中，有森林生态系统 240 类，灌丛生态系统 112 类，草地生态系统 122 类，荒漠生态系统 49 类，湿地生态系统 145 类，高山冻原生态系统 15 类，共计 683 种类型。我国海洋生态系统主要有珊瑚礁生态系统、海草生态系统、海藻场生态系统、上升流生态系统、深海生态系统和海岛生态系统，以及河口、海湾、盐沼、红树林等重要滨海湿地生态系统。

我国是动植物物种最丰富的国家之一。我国为地球上种子植物区系起源中心之一，承袭了北方古近纪、新近纪，古地中海及古南大陆的区系成分。我国有高等植物 3.7 万多种，约占世界总数的 10%，仅次于种子植物最丰富的巴西和哥伦比亚，其中裸子植物 289 种，是世界上裸子植物最多的国家。中国特有种子植物有 2 个特有科，247 个特有属，17 300 种以上的特有种，占我国高等植物总数的 46% 以上。我国还是水稻和大豆的原产地，现有品种分别达 5 万个和 2 万个。我国有药用植物

11 000 多种，牧草 4 215 种，原产于我国的重要观赏花卉有 30 余属 2 238 种。我国动物种类和特有类型多，汇合了古北界和东洋界的大部分种类。我国现有 3 147 种陆生脊椎动物，特有种共计 704 种。包括 475 种两栖类，约占全球总数的 4%，其中特有两栖类 318 种；527 种爬行类，约占全球总数的 4.5%，其中特有爬行类 153 种；1 445 种鸟类，约占全球总数的 13%，其中特有鸟类 77 种；700 种哺乳类，约占全球总数的 10.88%，其中特有哺乳类 156 种。此外，中国还有 1 443 种内陆鱼类，约占世界淡水鱼类总数的 9.6%。我国脊椎动物在世界脊椎动物保护中占有重要地位。

我国保存了大量的古老孑遗物种。由于中生代末我国大部分地区已上升为陆地，第四纪冰期又未遭受大陆冰川的影响，许多地区都不同程度保留了白垩纪、古近纪、新近纪的古老残遗部分。松杉类植物世界现存 7 个科中，中国有 6 个科。此外，我国还拥有众多有“活化石”之称的珍稀动植物，如大熊猫、白鳍豚、文昌鱼、鹦鹉螺、水杉、银杏、银杉和攀枝花苏铁等。

我国政府高度重视生物多样性的保护。自 1956 年建立第一个自然保护区——广东鼎湖山国家级自然保护区以来，我国一直积极地推进自然保护地建设。目前，我国拥有国家公园、自然保护区、风景名胜区、森林公园、地质公园、湿地公园、水利风景区、水产种质资源保护区、海洋特别保护区等多种类型自然保护地 12 000 多个，保护地面积从最初的 11.33 万 km^2 增至 201.78 万 km^2。其中，陆域不同类型保护地面积 200.57 万 km^2，覆盖陆域国土面积的 21%；海域保护地面积约 1.21 万 km^2，覆盖海域面积的 0.26%。这对保护我国的生态系统与自然资源发挥了重要作用。同时，我国还积极推进退化生态系统恢复，先后启动与实施了天然林保护、退耕还林还草、湿地保护恢复，以及三江源生态保护和建设、京津风沙源治理、喀斯特地貌生态治理等区域生态建设工程。党的十八大以来，生态保护的力度空前，先后启动了国家公园体制改革、生态保护红线规划、重点生态区保护恢复重大生态工程。我国是全球生态保护恢复规模与投入最大的国家。自进入 21 世纪以来，我国生态系统整体好转，大熊猫、金丝猴、藏羚羊、朱鹮等珍稀濒危物种种群得到恢

复和持续增长，生物多样性保护取得显著成效。

时值联合国《生物多样性公约》第十五次缔约方大会（COP15）在中国召开之际，中国生态学学会与河南科学技术出版社联合组织编写了“新时代中国生物多样性与保护丛书”。本套丛书包括《中国植物多样性与保护》《中国动物多样性与保护》《中国生态系统多样性与保护》《中国生物遗传多样性与保护》《中国典型生态脆弱区生态治理与恢复》《中国国家公园与自然保护地体系》和《气候变化的应对：中国的碳中和之路》七个分册，分别从植物、动物、生态系统、生物遗传、生态治理与恢复、国家公园与保护地、生态系统碳中和七个方面系统介绍了我国生物多样性特征与保护所取得的成就。

本丛书各分册作者为国内长期从事生物多样性与保护相关科研工作的一流专家学者，他们不仅积累了丰富的关于我国生物多样性与保护的基础资料，而且还具有良好的国际视野。希望本丛书的出版，可推动社会各界进一步关注我国复杂多样的生态系统、丰富的动植物物种和遗传资源，进而更深入地了解我国生物多样性保护行动与成效，以及我国生物多样性保护对人类发展做出的贡献。

在本丛书即将出版之际，特向河南科学技术出版社及中国生态学学会办公室范桑桑和庄琰的组织联络工作致以衷心的感谢。我国生物多样性极其丰富复杂，加之本丛书策划编撰的时间较短，文中疏漏和错误之处，敬请广大读者指正批评。

中国生态学学会理事长　欧阳志云

2021 年 8 月

前言

我国幅员辽阔，地形、气候条件复杂，由于独特的自然历史条件，特别是新近纪后期以来，受冰川影响较小，使我国保留了许多北半球物种。受青藏高原隆起的影响，我国西南山地受冰期影响较小，许多物种得以幸存。冰期过后，我国西南地区成为诸多动物类群辐射演化的发源地，这也是我国生物多样性非常丰富的原因之一。我国与巴西、印度尼西亚、哥伦比亚、厄瓜多尔、秘鲁等 12 个国家并称为生物多样性特别丰富的国家。《中国生物物种名录》2021 版共收录物种及种下单元 127 950 个，包括物种 115 064 个，种下单元 12 886 个。其中，动物界 56 000 种，植物界 38 394 种，真菌界 15 095 种。一个国家的生物物种名录不仅可以直接反映国土上物种资源情况，还能体现这个国家生物多样性的丰富程度。

中国于 1992 年签署联合国《生物多样性公约》，此后，特别是提出建设生态文明以来，中国在动物多样性保护方面投入了大量人力、物力和财力，在动物就地保护和迁地保护、重大生态工程、政策法规、国际合作和科研监测等方面取得重要进展。

2020 年 9 月 30 日，习近平主席在联合国生物多样性峰会上指出："当前，全球物种灭绝速度不断加快，生物多样性丧失和生态系统退化对人类生存和发展构成重大风险。新冠肺炎疫情告诉我们，人与自然是命运共同体。"要坚持生态文明，增强建设美丽世界动力；要坚持多边主义，凝聚全球环境治理合力；要保持绿色发展，培育疫后经济高质量复苏活力；要增强责任心，提升应对环境挑战行动力。2021 年 10 月，我国将在昆明举办《生物多样性公约》第 15 次缔约方大会

（COP15）。COP15 将评估《生物多样性公约》过去十年战略与行动计划的执行情况，确定 2030 年全球生物多样性保护目标，制定 2021~2030 年全球战略。我们相信，各方将达成全面平衡、有力度、可执行的行动框架，共建万物和谐的美丽世界。

本书通过图文并茂的形式，介绍了世界动物多样性、中国脊椎动物多样性、中国无脊椎动物多样性、中国野生动物保护现状、中国野生动物保护成果。本书第一章由张劲硕编写，第二章的一、二和第五章及英文摘要由孙忻编写，第二章的三、四和第四章由孙路阳编写，第三章由熊品贞编写。本书照片由孙忻、孙路阳、熊品贞、李金利、蓝家湖、张松奎、马晓峰、王吉申提供，书中两栖动物部分照片引自《中国两栖动物图鉴》（野外版）。

本书可作为政府有关部门制定动物保护规划、生态保护规划和政策，实施涉及动物的生态保护和恢复工程的科学依据，也可供动物学、农学、生态学、生物学，以及自然保护和环境保护领域的研究人员和高等院校师生参考。

由于时间仓促，书中不足和错误之处恳请读者指正！

编者

2021 年 4 月

目录

第一章

世界动物多样性

一、地球生命的演化

地球之所以美丽，不仅仅因为她拥有辽阔的海洋、广袤的陆地，以及其上衍生的不同景观或环境，更重要的是，地球是一个有生命的星球。地球的演化史可追溯到大约 50 亿年前，而生命最早出现的时间在 35 亿 ~31 亿年前，彼时只是最简单的一些化学元素的相互作用，而之后的十几亿年内，生命真正走向了辉煌的演化历程。

物种演化的结果，使生命的形式愈加丰富多彩。我们现在用“生物多样性”这一概念来诠释地球上生存的所有物种，以及这些物种的所有基因或遗传多样性、它们所生活的生态系统的多样性（图 1–1~ 图 1–4）。

图 1–1　藏羚羊

图 1-2　骆驼

图 1-3　太阳鸟

图 1-4　戴胜

二、地球生命 5 界及动物界分类系统

现在，通常我们把地球上自然界的生命分为 5 个界，它们分别是：

1. 原核生物界

这类生物可能出现在距今 18 亿 ~16 亿年前，甚至更早，包括我们非常熟悉的细菌、蓝藻（蓝细菌）、支原体、衣原体等。目前已知约 5 000 种。

2. 原生生物界

这类生物至少出现于15亿年前，它们都是单细胞生物，如草履虫、眼虫等“原生动物”（单细胞动物）、单胞藻类、单胞菌类等。目前已知约50 000 种。在一些图书、资料，甚至教材中，那些“单细胞的动物”被划为“原生动物门”，上述草履虫、眼虫，以及变形虫、疟原虫都是这类生物，现代生物分类学更倾向于将它们划归本界。

3. 菌物界

有时亦称真菌界（也有旧真菌界和新真菌界之说），它们最早出现于14.3 亿年前的原生代，现生菌物一般分为 7 门，科学家已命名的种类约 10 万种，但估计实际种类可达 150 万种。

4. 植物界

最早的绿藻化石见于 5.2 亿年前的寒武纪，现生植物 16 门，已命名约37.5 万种，实际种类可能近 50 万种。

5. 动物界

目前，比较保守的数据显示，动物出现在 5.42 亿年前的寒武纪（即著名的寒武纪大爆发时期）。由于分类问题的复杂性，关于门（Phylum）这个阶元的争议仍然存在，这样的数字也会随着研究的深入而发生不断的变化。如今，科学家已命名的种类约 300 万种，普遍预测的动物实际种数达 500 万～1 000 万种，甚至更多。美国著名生物学家、生物多样性研究领域的领袖人物、美国国家科学院院士爱德华·威尔逊（Edward O. Wilson）甚至大胆预测地球的所有生物可能接近 1 亿种，而绝大部分是动物。

从现有的化石证据可知，最古老的动物遗迹可追溯至 10 亿年前，但最早的动物化石出现于约 6.8 亿年前的震旦纪，这是元古宙最后的一段时期，西方现在一般称作“埃迪卡拉纪”。震旦是我国在古代印度的古称，我国一般仍称这个纪为“震旦纪”。

1946 年，澳大利亚地质学家瑞格·斯伯里格（Reg Sprigg）在该国南部的埃迪卡拉（Ediacara）山地的一个地质层——末远古系庞德石英岩中，发现了很多化石群。在这些远古的砂岩板中，他注意到了这些显生宙以前的化石。后来，另一位古生物学家马丁·格莱斯内尔（Martin Glaessner）仔细研究了这些化石，他认为这是珊瑚、水母和蠕虫的“先驱”。之后，在澳大利亚南部找到很多的远古动物化石，也由此证明这块大陆的古老性，后来在其他各大洲也找到一些类似的远古动物化石。目前，这类化石群已在世界 30 多个地点被发现。

因此，科学家泛指这类化石为“埃迪卡拉动物”。最开始，人们认为埃迪卡拉动物是寒武纪出现的动物，但通过测定，这些化石比寒武纪更加久远，这才奠定了埃迪卡拉纪——这一人类新认识的地质年代。

如前所述，由于动物分类学是一个古老而活跃的学科，即使关于门这样的分类阶元也存在诸多学术上的争议，所以使用什么样的分类系统、取舍哪些门（其他阶元也存在这样的问题）就给笔者出了一个不小的难题。笔者根据已有的经典分类系统，并结合国际上最新的研究成果，给出了 37 个门（其中 3 个为已灭绝的“化石门”，其余 34 个为“现生门”）的简要介绍，有一些曾被命名的但如今不再承认的门或不列出，或在相近的门中做一解释。当然，这些数字会随着分类学、系统学或演化生物学研究的深入，而不断地发生变化。以下拓扑结构图列出动物界 37 个门的名称，以便读者概貌式地认识整个动物界。

侧生动物亚界（Parazoa）

　　　　多孔动物门（Porifera）

　　　　扁盘动物门（Placozoa）

真后生动物亚界（Eumetazoa）

　辐射对称动物（Radiata）

栉板动物门（Ctenophora）

刺胞动物门（Cnidaria）

两侧对称动物（Bilateria）

直泳动物门（Orthonectida）

无腔动物门（Acoelomorpha）

菱形动物门（Rhombozoa）

毛颚动物门（Chaetognatha）

原口动物（Protostomia）

扁虫动物总门（Platyzoa）

扁形动物门（Platyhelminthes）

腹毛动物门（Gastrotricha）

轮形动物门（Rotifera）

棘头动物门（Acanthocephala）

颚口动物门（Gnathostomulida）

微颚动物门（Micrognathozoa）

环口动物门（Cycliophora）

蜕皮动物总门（Ecdysozoa）

动吻动物门（Kinorhyncha）

兜甲动物门（Loricifera）

曳鳃动物门（Priapulida）

线虫动物门（Nematoda）

线形动物门（Nematomorpha）

叶足动物门（Lobopodia）†

有爪动物门（Onychophora）

缓步动物门（Tardigrada）

节肢动物门（Arthropoda）
冠轮动物总门（Lophotrochozoa）
软舌动物门（Hyolitha）†
纽形动物门（Nemertea）
帚形动物门（Phoronida）
苔藓动物门（Bryozoa）
内肛动物门（Entoprocta）
腕足动物门（Brachiopoda）
环节动物门（Annelida）
软体动物门（Mollusca）
后口动物总门（Deuterostomia）
古虫动物门（Vetulicolia）†
异涡动物门（Xenoturbellida）
棘皮动物门（Echinodermata）
半索动物门（Hemichordata）
脊索动物门（Chordata）

† 表示已灭绝的化石门。

（1）多孔动物门（Porifera） 旧称海绵动物门（Spongia 或 Spongiatia）。它们是最原始的多细胞生物，也是最原始、最低等的动物。细胞虽然已开始分化，但没有真正的胚层，更没有组织和器官。体壁有无数的出水小孔，游离的一端有大孔，并有针状骨骼（骨针）作为支撑。多数种类为雌雄同体。现存近 10 000 种，主要有钙质海绵纲（Calcispongea）、六放海绵纲（Hexactinellida）、寻常海绵纲（Demospongiae）等 3 个纲。2010~2012 年的两项研究显示，同骨海绵纲（Homoscleromorpha）从寻常海绵纲分出，单独成立一个新纲。

（2）扁盘动物门（Placozoa） 也是最简单的多细胞动物之一。身体呈扁形薄片状，直径不超过 4 毫米；除有固定的背腹面外，没有稳定的边缘。其体表细胞有鞭毛，呈无规则运动（布朗运动）。一般为无性生殖（出芽和分裂），但也存在有性生殖。能够确定的仅 1 种，即丝盘虫纲（Trichoplacoidea）的丝盘虫（*Trichoplax adhaerens*）。但是最新的分子研究显示，这个门可能包括 100~200 个未被描述的物种。另外，与其近缘的单胚动物门（Monoblastozoa）仅在 1892 年描述过 1 种单胚虫（*Salinella salve*），之后再也没有发现过，所以其存在尚有疑问，本书不再单独列出。

（3）栉板动物门（Ctenophora） 亦称栉水母动物门，它们与其他水母不同的是触手上无刺细胞，但有黏细胞（极个别种类除外）。体外具有 8 条排列成纵行的纤毛带，形成了栉板。现存约有 100 种，有 2 个纲：①触手纲（Tentaculata），包括球栉水母目（Cydippida）、兜栉水母目（Lobata）、带栉水母目（Cestida）、扁栉水母目（Platyctenea）；②无触手纲（Nuda），包括瓜水母目（Beroda）。

（4）刺胞动物门（Cnidaria） 原来的腔肠动物门（Coelenterata）分为栉板动物门和刺胞动物门。身体辐射对称，体壁有表皮和肠表皮两层细胞，其间有中胶层，起支撑作用。有超过 20 种的刺细胞。雌雄同体或异体。现生约有 11 000 种，主要有 8 个纲：珊瑚纲（Anthozoa）、六放珊瑚纲（Zoantharia）、钵水母纲（Scyphozoa）、海鸡冠纲（Alcyonaria）、十字水母纲（Staurozoa）、立方水母纲（Cubozoa）、多足水螅纲（Polypodiozoa）、水螅纲（Hydrozoa）等。此外，原来的黏体动物门（Myxozoa），即黏孢子虫（*Myxosporea*，也写作粘孢子虫），现在并入本门，但尚未分级。

（5）直泳动物门（Orthonectida） 亦称直泳虫门，也是最简单的多细胞动物之一，是海洋无脊椎动物的寄生虫，并寄生在寄主（扁形动物、环节动物的多毛纲、软体动物的双壳纲、棘皮动物）的身体间隙内。它们曾被归入中生动物门（Mesozoa），但该门已被拆分。目前已知大约有 20 种，主要有 2 个科：跖球形科（Pelmatosphaeridae）和楔形科（Rhopaluridae），其代表性物种为楔形直泳虫（*Rhopalura ophiocomae*）。因为种类较少，本书不再介绍。

（6）无腔动物门（Acoelomorpha） 曾被列入扁形动物门。体长一般在 2 毫米以下，无消化道，身体结构非常简单。感觉器官是平衡囊，有感知光线的眼点。雌雄同体。主要有 2 个纲：无肠纲（Acoela）和纽管纲（Nemertodermatida）。前者约 21 科 380 余种，后者约 2 科 10 种。关于本门的分类地位和亲缘关系尚有争议，但在 2011 年发表在英国《自然》（*Nature*）杂志上的一项分子生物学（miRNA）研究显示，本门在后口动物总门之下，与异涡动物门（Xenoturbellida）接近。欧洲的一种无腔虫（*Symsagittifera roscoffensis*）是研究两侧对称动物发育很好的模型。因为对本门动物的研究有限，本书不再介绍。

（7）菱形动物门（Rhombozoa） 又名菱形虫门，旧称二胚虫门（Dicyemida，曾为中生动物门的二胚虫目），也曾经与直泳虫门组成中生动物门，但可能它们更接近于扁形动物门。主要寄生在软体动物的头足纲的肾附属物表层上。它们的细胞数目恒定，为 20~30 个。有线性体和菱形体阶段，即无性繁殖和有性繁殖阶段。已知现生有 75 种，主要有二胚虫目（Dicyemida）的二胚虫科（Dicyemidae）和牙形二胚虫科（Conocyemidae），以及异胚虫目（Heterocyemida）的琴形异胚虫科（Kantharellidae）。因为种类较少，本书不再介绍。

（8）毛颚动物门（Chaetognatha） 以前曾被归入后口动物，但分子系统学研究证实其应属于原口动物。体长为 2~150 毫米，大多为透明的鱼雷状或箭状，故称箭虫，分头部、躯干部和尾部。头部前端有刺或齿，为非几丁质的，故称毛颚。躯干部和尾部一般有侧鳍和尾鳍。雌雄同体。多为海洋浮游动物（占 80% 的种类）或底栖动物（占 20% 的种类）。该门的种类不多，主要有 2 个纲：原箭虫纲（Archisagittoidea）和箭虫纲（Sagittoidea），现生有 120 多种，隶属 2 目 9 科 20 多属，但很多种类的个体数量极其庞大。由于本门的归属尚不十分清楚，也不适合放入其他章节中，并且考虑篇幅所限，所以本书不再详细介绍。感兴趣的读者可参考《中国动物志　无脊椎动物　第三十八卷　毛颚动物门　箭虫纲》。

（9）扁形动物门（Platyhelminthes） 开始出现两侧对称和中胚层，实现了三胚层的跨越，但仍无体腔，无呼吸系统和循环系统，有口无肛门。体长为 1~250 毫米。营自由生活或寄生生活。雌雄同体，有性或无性生殖。已知该门种类约有 25 000 种，主要有 5 个纲：涡虫纲（Turbellaria）、吸虫纲（Trematoda）、绦虫纲（Cestoda）、单殖纲（Monogenea）、楯盘纲（Aspidocotylea）。

（10）腹毛动物门（Gastrotricha） 一般认为是假体腔动物中最原始的一类，但属于扁虫动物总门（Platyzoa），在亲缘关系上是接近于无体腔的扁形动物。有口和肛门，即完整的消化道。身体腹面具有纤毛一类的结构，故名。它们生活在海洋或淡水中，有近 700 种。分为大鼬目（Macrodasyda）和鼬虫目（Chaetonotida）。

（11）轮形动物门（Rotifera） 亦称轮虫动物门，是假体腔动物中非常繁盛的一类。体形短圆，有明亮的外壳，两侧对称。身体的后端多数有尾状部；前端有一纤毛盘，具有运动功能；纤毛摆动时状如旋转的轮盘，故名。咽内具有咀嚼器。有 2 200 多种，分为 3 个纲：尾盘纲（亦称摇轮虫纲 Seisonoidea，仅 2 种）、双巢纲（Bdelloidea，约 400 种）、单巢纲（Monogononta，约 1 800 种）。

（12）棘头动物门（Acanthocephala） 亦称棘头虫门，也是一类假体腔动物。身体前端有吻，吻上有钩刺，用来钩住寄主的肠壁。营寄生生活，具有复杂的生命周期；寄主广泛，包括无脊椎动物、鱼类、两栖类、鸟类和哺乳类。有 750 多种，分为 3 个纲（以前曾作为目）：原棘头虫纲（Archiacanthocephala）、古棘头虫纲（Palaeacanthocephala）、始棘头虫纲（Eoacanthocephala）。

（13）颚口动物门（Gnathostomulida） 亦称颚胃动物门，体型小，无体腔。有口，无肛门。雌雄同体。生活在浅海细沙内。目前发现约 18 属 100 余种。分为 2 个目：丝精目（Filospermoidea）和囊道目（Bursovaginoidea）。

（14）微颚动物门（Micrognathozoa） 仅有 1 种湖沼颚虫（亦称淡水颚虫，*Limnognathia maerski*），由丹麦科学家于 1994 年在格陵兰北部的迪斯科岛地区的泉水里首次发现，并附生在藓类植物上，且这里的环境极为寒冷。体长一般小于 1 毫米。颚的结构复杂，可以过滤水流而获得食物。无性生殖。

（15）环口动物门（Cycliophora） 亦称圆环动物门、微轮动物门。体长通常小于 0.5 毫米，身体呈囊状，在生命周期的不同阶段具有不同的形态。营寄生生活，寄生于龙虾体内。该门发现于 1995 年，由丹麦科学家在挪威海螯虾（*Nephrops norvegicus*）的口器上发现了实球共生虫（*Symbion pandora*）。目前已知 2 属 3 种，隶属于真微轮纲（Eucycliophora）。与轮形动物可能是近亲。

（16）动吻动物门（Kinorhyncha） 是一类假体腔动物。体表分节带，无纤毛。生活在沿海底部泥沙中。有 150 多种，分为圆动吻虫目（Cyclorhagida）和平动吻虫目（Homalorhagida）。前者包括动吻虫（Echinoderes）等在内的 6 个科，后者包括 2 个科。

（17）兜甲动物门（Loricifera） 亦称铠甲动物门，也属于假体腔动物。身体一般分头、胸和腹 3 部分。有口和消化系统，无循环系统和内分泌系统。雌雄同体，卵生。1983 年，丹麦动物学家首次发现该门的种类，之后发现了 120 余种，但只有 22 种得到科学描述，分属于 9 个属，而多数是在 2000 年之后发现或命名的。2010 年发现该门的新物种可无氧呼吸。

（18）曳鳃动物门（Priapulida） 有的也翻译为鳃曳动物门。身体虽然有体环，但是不分节。它们是海洋底栖动物，多分布在靠近两极地区的冷海中，在泥沙中或管居生活。目前仅有 16 种，隶属于 3 个纲：土曳鳃纲（Halicryptomorpha）、曳鳃纲（Priapulimorpha）和刺冠曳鳃纲（Seticoronaria）。

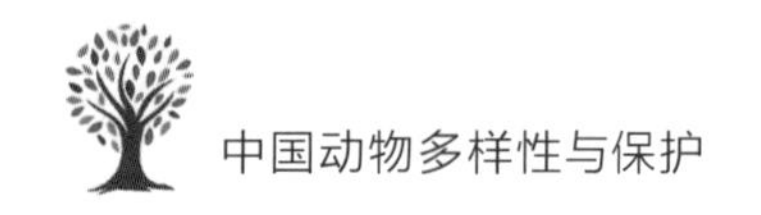

（19）线虫动物门（Nematoda） 是假体腔动物中最大的一个门。多数种类的体形为圆柱形。适应性强，各种自然环境基本都有，甚至包括极端环境。一半以上的种类为寄生性。通常为有性生殖。目前已正式命名约 28 000 种，但估计有 8 万 ~100 万种；分为 2 个纲及 5 个亚纲：有腺纲（Adenophorea）的刺嘴亚纲（Enoplia）、色矛亚纲（Chromadoria），胞管肾纲（Secernentea）的小杆亚纲（Rhabditia）、旋尾亚纲（Spiruria）、双胃线虫亚纲（Diplogasteria）。

（20）线形动物门（Nematomorpha） 也叫线形虫门，是与线虫很近似的假体腔动物，但不同的是线形虫的成虫无排泄器官，消化道退化。体长通常在 50~100 厘米，甚至有的种类可达 2 米。目前已发现种类超过 350 种，预测种类在 2 000 种以上；大多隶属铁线虫纲（Gordioidea），少数种类为游线虫纲（Nectonematoida）。

（21）叶足动物门（Lobopodia） 是已经灭绝的动物门，最早出现于寒武纪的早期。它们的身体分节，具足，但很难将它们分到节肢动物中。可能是本门的物种，例如有奇虾（*Anomalocaris*）、欧巴宾海蝎（*Opabinia regalis*）等，目前该类化石物种的分类研究还在探索之中。本书不再介绍化石门。

（22）有爪动物门（Onychophora） 是一类“有腿的虫”，俗称“天鹅绒虫”，可能与节肢动物和缓步动物是近亲。仅 1 个纲：有爪纲（Onychophorida），包括 2 目 4 科 53 属，其中很多类群已灭绝。现生种类则约有 200 种，其中有些种类成为濒危物种，被国际自然保护联盟（IUCN）评估为极危级（CR）。

（23）缓步动物门（Tardigrada） 俗称水熊虫、熊虫。它们高度特化，体长不超过 1 毫米，大多数只有 0.5 毫米左右；除头部外，有 4 个体节，每个体节上具 1 对足。身体透明，但很多种类的颜色来源于身体中的食物颜色。雌雄异体。适应性极强，在海拔 6 000 米以上的喜马拉雅山和 4 000 米以下的深海海沟均有分布，甚至可以忍受真空环境。已知约 1 200 种，分 3 个纲：异缓步纲（Heterotardigrada）：如水熊虫（*Hypsibius dujardini*）；中缓步纲（Mesotardigrada）；真缓步纲（Eutardigrada）：如缓步虫（*Macrobiotus*）等。

（24）节肢动物门（Arthropoda） 最大的一个门，已描述的种类超过113万种。最主要的特征是异律分节，出现了分节的附肢；体壁具有几丁质的外骨骼；横纹肌的肌肉附着于外骨骼内面。除三叶虫亚门（Trilobitomorpha）已灭绝外，尚有4个亚门：螯肢亚门（Chelicerata）、单肢亚门（Myriapoda）、六足亚门（Hexapoda）、甲壳亚门（Crustacea）。

（25）软舌动物门（Hyolitha） 也叫软舌螺动物门，是一类已经灭绝的海洋有壳无脊椎动物。它们的化石一般保存有锥壳、口盖和附肢3个部分，外壳为钙质成分，两侧对称。目前尚有一定争议，因为有人认为可能应归属于软体动物门之下。本书不再介绍化石门。

（26）纽形动物门（Nemertea） 与扁形动物类似，它们也是两侧对称、三胚层、无体腔，但具有完整的消化道（即有口和肛门）、有简单的循环系统，而无心脏。身体呈长带形，最长的记录为54米，被认为是世界上最长的动物。前端有单眼和吻，吻可伸缩，用于捕食和防卫。比扁形动物更进化，现在认为它们属于冠轮动物总门（Lophotrochozoa），而不是扁虫动物总门（Platyzoa）。绝大多数为海洋底栖生物。已知有1 200多种，分为2个纲：无刺纲（Anopla）和有刺纲（Enopla）。

（27）帚形动物门（Phoronida） 亦称帚虫动物门，是很小的一个类群。身体呈蠕虫状，分为触手冠和躯干两部分。循环系统发达。大多数雌雄同体。全部生活在浅海海底，并居住在由自身分泌的几丁质管内，一般埋于浅海泥沙中。仅有2属：帚虫属（*Phoronis*）和领帚虫属（*Phoronopsis*），已知约有近20种。

（28）苔藓动物门（Bryozoa） 这类动物先后被命名为群虫（*Polyzoa Thompson*, 1830）和苔藓虫（*Bryozoa Ehrenberg*, 1831）。1869年人们又发现了一个近缘类群，并于1870年将其命名为内肛动物门（Entoprocta），而把这类动物叫作内肛动物门（Ectoprocta）。虽然外肛动物门命名较晚，但由于优先律不在科以上分类名称中严格执行，所以可以使用外肛动物门，但多数欧美学者仍习惯用苔藓动物门。这类动物自奥陶纪生活在海水中，营底栖固着生活。目前已知至少有 1 300 个属，15 000 个化石种，5 000 多个现生种。主要有 3 个纲：被唇纲（Phylactolaemata）、裸唇纲（Gymnolaemata）、窄唇纲（Stenolaemata）（已灭绝）。

（29）内肛动物门（Entoprocta） 是一类假体腔动物，而外肛动物（苔藓动物）是真体腔动物。体型一般不超过 5 毫米，单体或群体营固着生活，绝大多数生活在海洋中。无性和有性生殖。已知有 150 多种，分为 3 科：斜体节虫科（Loxosomatidae）、海花柄科（Pedicellinidae）、节虫科（Urnatellidae）。

（30）腕足动物门（Brachiopoda） 酷似软体动物的双壳纲，但内部结构差异很大。身体分触手冠和躯干两部分。具背腹两壳，大小相等或不等，介壳的形状、饰纹及内部器官的构造，是鉴定该类群的依据。具几丁质外壳、有肛门的是无铰纲（Inarticulata），具钙质外壳、无肛门的是有铰纲（Articulata）。但最新分类学分为 3 个纲：舌形贝纲（Lingulata）（俗称海豆芽）、髑髅贝纲（Craniata）、小嘴贝纲（Rhynchonellata）。另有 8 个纲 700 多属的分类系统，但几乎为化石，现生种类为 300~500 种。

（31）环节动物门（Annelida） 原来的星虫动物门（Sipuncula）、须腕动物门（Pogonophora）和被套动物门（Vestimentifera），以及螠虫动物门（Echiura）已并入该门。它们均属于两侧对称、三胚层，传统的环节动物身体分节，具裂生的真体腔。有的具疣足和刚毛，疣足是原始的附肢。具有闭管式循环系统，以及链式神经系统。目前，已知约有 23 000 种，分为 8 纲：星虫纲（Sipunculida，即原来的星虫动物门）、多毛纲（Polychaeta）、寡毛纲（Oligochaeta）、蛭蚓纲（Branchiobdellida）、蛭纲（Hirudinea）、吸口虫纲（Myzostomida）、原环虫纲（Haplodrili 或 Archiannelida），以及螠纲（Echiurida，即原来的螠虫动物门）。原来的须腕动物门和被套动物门（亦称前庭动物门、被腕动物门）的种类作为西伯达虫科（Siboglinidae）归入多毛纲。寡毛纲、蛭蚓纲和蛭纲可能应合并为环带纲（Clitellata）。

（32）软体动物门（Mollusca） 是动物界的第二大门。体柔软，多为左右对称，多有外壳，无体节，一般有足或腕。消化系统较发达，具有齿舌。真体腔退化，残留围心腔和内腔。通常为开管式循环。有呼吸器官鳃或肺。多数有后肾管，以及较发达的神经和感官。多为雌雄异体、体外受精。多种生境均有该类群分布。现生已知为11.2万多种，分为8个纲或10个纲：尾腔纲（Caudofoveata）、沟腹纲（Solenogastres）（以上2个曾组成无板纲Aplacophora）、多板纲（Polyplacophora）、单板纲（Monoplacophora）、腹足纲（Gastropoda）、头足纲（Cephalopoda）、双壳纲（Bivalvia）、掘足纲（Scaphopoda），以及2个化石纲：喙壳纲（Rostroconchia）和太阳女神螺纲（Helcionelloida）。

（33）古虫动物门（Vetulicolia） 已灭绝的动物门，该门是由我国古生物学家、中国科学院院士舒德干先生于2001年确立的。体分节，分为前体和后体两部分。前体为消化道的前段（咽部），背区和腹区由5对鳃囊构造组成的鳃区所分隔；后体（尾部）为消化道的后段（肠部），肛门末位。绝大多数古虫动物的后体由7节甚至更多的体节构成。分为3纲：古虫纲（Vetulicolida）、斑府虫纲（Banffozoa）和异形虫纲（Heteromorphida）。著名的属有以3所大学命名的北大虫（*Beidazoon*）、地大虫（*Didazoon*）、西大虫（*Xidazoon*），以及云南虫（*Yunnanozoon*）等。本书不再详细介绍化石门。

（34）异涡动物门（Xenoturbellida） 是后口动物中的一个小门。两侧对称，体长约为40毫米。身体结构简单，无大脑、消化道、排泄系统和性腺，但在囊中有配子、卵子和晶胚产生。具有扩散神经系统和纤毛。虽然在1949年就发现异涡虫（玻氏异涡虫 *Xenoturbella bocki*，1999年发现另一种万氏异涡虫 *X. westbladi*），但直到2003年在英国《自然》（*Nature*）杂志才通过DNA确定其分类地位，并指出它们的食物是软体动物的卵。目前仅发现上述的1属2种。

（35）棘皮动物门（Echinodermata） 是一个古老的门，最早出现于寒武纪，已灭绝的纲就多达 17 个。它们作为后口动物，也是无脊椎动物最高等的类群。身体呈辐射对称，但幼虫却是两侧对称。有特殊的结构：五体对称步管结构、管足和水管系统。由于棘皮动物的胚胎形成方式和脊索动物一样，所以它们虽然貌似非常原始，但却是包括人类在内的脊索动物的近亲。目前已知现生种有 7 000 余种，化石种则超过 13 000 种。有 6 个亚门，其中 3 个亚门已灭绝。

1）海扁果亚门（Homalozoa），本亚门已经全部灭绝，包括海笔纲（Homostelea）、海箭纲（Homoiostelea）、海桩纲（Stylophora）、栉海林檎纲（Ctenocystoidea）。

2）海百合亚门（Crinozoa），包括海百合纲（Crinoidea）、拟海百合纲（Paracrinoidea）（已灭绝）、海林檎纲（Cystoidea）（已灭绝）。

3）海星亚门（Asterozoa），包括蛇尾纲（Ophiuroidea）、海星纲（Asteroidea）、体海星纲（Somasteroidea）（已灭绝）。

4）海胆亚门（Echinozoa），包括海胆纲（Echinoidea）、海参纲（Holothuroidea）、海蛇函纲（Ophiocistioidea）（已灭绝）、海旋板纲（Helicoplacoidea）（已灭绝）、五棱纲（Arkarua）（已灭绝，一种五边形似棘皮动物化石，可能归入本亚门）、海蒲团纲（Camptostromatoidea）（已灭绝）、环海林檎纲（Cyclocystoidea，也称海盘囊纲）（已灭绝）。

5）有柄亚门（Pelmatozoa），本亚门已灭绝，传统分类系统中，该亚门还包括海蕾纲和海百合纲，但这两个纲已经提升为亚门。目前，仅有 1 个已灭绝的海座星纲（Edrioasteroidea）。

6）海蕾亚门（Blastozoa），本亚门已全部灭绝，包括海蕾纲（Blastoidea）、拟海蕾纲（Parablastoidea）、垫海蕾纲（Edrioblastoidea）、始海百合纲（Eocrinoidea）。

（36）半索动物门（Hemichordata） 也是无脊椎动物中的一个高等类群，但也很古老，最早出现于寒武纪早期。寒武纪时期灭绝的笔石纲

（Graptolithina）也隶属于本门。半索动物有着脊索动物的原始形态，例如前肠长出的口索（所谓不完全的脊索）。身体分为吻（吻管）、领（颈部）和躯干 3 部分。全部生活在海洋中。现生的主要有肠鳃纲（Enteropneusta）和羽鳃纲（Pterobranchia），另一个浮球纲（Planctosphaeroidea）只是依据幼虫的单一物种提出的。已知有 100 多种，其中 80% 为肠鳃纲，如柱头虫（*Balanoglossus*）；羽鳃纲则有头盘虫（*Cephalodiscus*）、无管虫（*Atubaria*）等。

（37）脊索动物门（Chordata） 是动物界最高等的门。虽然本门的种类不是最多的，但各种类在形态结构、生理功能、生活方式等很多方面都有很大的差异。它们共同特征是背侧有一条脊索，或在生活史中的某个阶段具有脊索；具有中空的背神经管，是神经中枢；在成体、幼体或胚胎发育期，其咽部有鳃裂；在成体、幼体或胚胎发育期具有肛后尾；心脏位于消化管的腹面，除尾索动物外，为闭管式循环系统，大多数种类血液中有红细胞。目前，已被人们描述的种类超过 6 万种，实际现生种类可能超过 10 万种，分为 3 个亚门，少数学者提出将半索动物门也归于脊索动物门之下，称为口索动物亚门。

1）尾索动物亚门（Tunicata 或 Urochordata），其幼虫期具有脊索和神经索，但在成体消失。已知约 3 000 种，包括 4 个纲：海鞘纲（Ascidiacea）、樽海鞘纲（Thaliacea）、尾海鞘纲（Appendiculariae）、深水海鞘纲（Sorberacea）。

2）头索动物亚门（Cephalochordata 或 Acraniata），其终生保留脊索和神经索，但没有脊柱。已知有 30 多种，仅 1 个纲，传统上称之为头索纲（Cephalochorda），但现在一般用狭心纲（Leptocardii）。该纲下有 2 个科：文昌鱼科（Branchiostomidae）和偏文昌鱼科（Asymmetronidae），以前它们只是 2 个属，现在提升为科。

3）脊椎动物亚门（Vertebrata 或 Craniata），其脊索的作用由骨质的脊柱代替。已知约 58 000 种，若给出一个具体数字的话，据笔者掌握的最新资料为 57 674 种。但实际上，每年都在发现和科学描述很多新种，估计种类可达 8 万种。该亚门可能是人类在动物分类学上花费时间、精力最多的类群，也是相对来说搞得非常清楚的类群，尽管其中的分类有很大的变化，与我们曾经了解到的不尽相同。

动物分类学一直在变化，但是它并不是我们误解的那种“人为主观的划定”，而是遵照着化石证据、形态证据，以及分子或遗传证据，而形成的一个系统网络，这个网络的拓扑关系或层级关系，恰到好处地、更为精准地反映出物种与物种之间、类群与类群之间的演化关系，这种关系使我们更能客观地、准确地了解地球生命的演化过程和本书所想要强调的动物物种的多样性意义——万物总是息息相关、密不可分的。

这种多样性所提供给我们人类的不仅仅是物质上的需要，更多地还有它的哲学价值、美学价值（精神上的享受）和对人类未来发展的服务功能。因此，保护动物的多样性（物种多样性、遗传多样性，及其所赖以生存的生境多样性），和我们今天所强调的可持续发展或科学发展，以及生态文明建设或建设美丽中国、实现中国梦是不可分割的。只有保护好动物的多样性、生物的多样性，乃至环境或生态系统的多样性，当然也应该延展到文化的多样性（文化对动物保护也是至关重要的），才能保障人类今后的永续、健康发展。这一切，与我们每一个人都紧密地联系着。

第二章

中国脊椎动物多样性

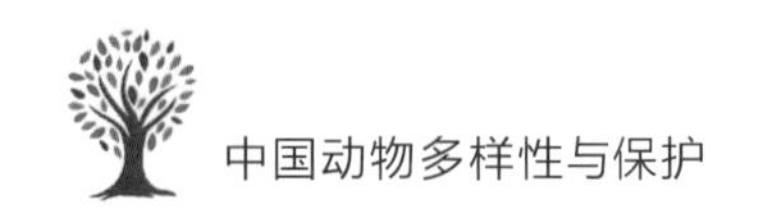

一、中国哺乳动物多样性

（一）中国哺乳动物概述

中国幅员辽阔，物种丰富，是全球唯一一个跨越两个动物地理区划带的大国。中国陆地面积达 960 万平方千米，地理地貌包含高原冻土、山地森林、戈壁荒漠、平原草地和湖河湿地等多种类型；森林植被类型多样，从寒温带针叶林、暖温带针阔混交林、温带落叶阔叶林、亚热带常绿阔叶林到热带雨林均有分布。以喜马拉雅山脉、横断山脉、秦岭和淮河一线划分开了古北界和东洋界，形成了特色鲜明的“南北方动物”栖息地。我国所在的古北界包含东北华北、内蒙新疆、青藏高原这几类各具特色的地理区域，形成了寒冷干燥的“中国北方动物”栖息地；而我国所在的东洋界则包含华中丘陵、江南水乡和世界生物多样性热点地区——西南山地，这也组成了气候温暖潮湿的“中国南方动物”栖息地。特别需要指出的是，世界第三极——青藏高原的出现，为我国高原动物群提供了独特的栖息地类型。

随着科研工作的深入、科研项目和经费的增多、动物系统分类学的发展、分子生物学技术的应用，以及近十余年来红外相机的大量使用，令中国哺乳动物的物种、种群和分布区研究越来越清晰。1997 年出版的《中国哺乳动物分布》记录了 14 目 52 科 220 属 500 多种。2009 年出版的《中国兽类野外手册》记录了 556 种。2015 年蒋志刚等在《中国哺乳动物多样性》论文中记录了 12 目 55 科 245 属 673 种，这个数据表明中国哺乳动物物种数超过印度尼西亚（670 种），成为世界哺乳动物物种多样性最丰富的国家。2017 年，蒋志刚等在《中国哺乳动物多样性》（第 2 版）论文中记录了 13 目 56 科 248 属 693 种，刷新了中国哺乳动物物种数的纪录。必须指出的是，两版《中国哺乳动物多样性》中记录哺乳动物中包括已经在我国灭绝的物种，如印度犀、苏门答腊犀、爪哇犀、白掌长臂猿、北白颊长臂猿等。即便如此，中国依然是世界上兽类多样性非常丰富的国家之一。

（二）中国哺乳动物类群

综合《中国哺乳动物多样性》（第2版）（2017）和 *Illustrated Checklist of the Mammals of the World*（2020）的记录，我国分布有劳亚食虫目、攀鼩目、翼手目、灵长目、鳞甲目、食肉目、海牛目、长鼻目、奇蹄目、偶蹄目、鲸目、啮齿目、兔型目等共计13个目的哺乳动物。为方便读者阅读，这里分为陆生食肉类动物、海洋哺乳类动物、灵长类动物、食草类动物、啮齿类动物、食虫类动物、翼手类动物加以介绍（图2-1~图2-4）。

图2-1　北豚尾猴

图 2-2　赤麂

图 2-3　骆驼

图 2-4　海南坡鹿

1. 陆生食肉类动物

此类动物永远是受人关注最多的类群，19 种鼬科动物、13 种猫科动物、10 种灵猫科动物、8 种犬科动物、5 种熊科动物、2 种獴科动物、1 种小熊猫科动物构成了生存在中国的 58 种陆生食肉目动物。以黄鼬为代表的鼬科动物、以果子狸为代表的灵猫科动物、以食蟹獴为代表的獴科动物都属于小体型的食肉目动物。小熊猫作为中国的特有物种，由于趋同演化与大熊猫共享竹林。由于小熊猫的外形和喜爱浣洗的行为与分布在美洲的浣熊相似，因此曾被归入浣熊科，后来通过分子生物学技术的检测，小熊猫独自归入小熊

图 2-5　藏狐

猫科。我国原有狼、沙狐、藏狐（图 2-5）、赤狐、貉、豺等 6 种犬科动物分布，近年在我国藏南地区又发现了孟加拉狐和亚洲胡狼，使我国的犬科动物扩大到 8 种。懒熊在我国藏南达旺县、东卡门县和西卡门县的出现使得我国的熊科动物达到 5 种——大熊猫、棕熊、亚洲黑熊、马来熊和懒熊，成为全球拥有熊科动物最多的国家。近年的研究发现，懒熊、亚洲胡狼、孟加拉狐、灰獴和渔猫出现在我国藏南地区，这些主要分布于南亚的哺乳动物在藏南的出现丰富了我国陆生食肉类动物的物种数，也使得我国的猫科动物上升到 13 种，包括虎、豹、雪豹、云豹、欧亚猞猁、金猫、云猫、荒漠猫、丛林猫、兔狲、豹猫、欧亚野猫和最后发现的渔猫。

2. 海洋哺乳类动物

此类动物在我国包括鲸目、海牛目和食肉目的海狮科和海豹科种类。十余年前，由于偶蹄目中的河马和鲸目动物有着非常近的关系，因此鲸目和偶蹄目被合并为一个新的目——鲸偶蹄目，我国科研人员也接受了这一结果，并在2015年的《中国哺乳动物多样性》中使用了鲸偶蹄目这一分类单元。但在2017年的《中国哺乳动物多样性》(第2版)中，又将鲸类和偶蹄类分开，沿用了早前的鲸目和偶蹄目。海洋哺乳类是一类依赖海洋生境而生存的动物，我国分布有38种鲸目动物、1种海牛目动物——儒艮、2种海狮科动物——北海狗和北海狮、3种海豹科动物——斑海豹、环斑海豹和髯海豹。由于我国近海污染严重，因此鲸目动物多出现在远海，并不常见。作为淡水豚的重要一员，白鱀豚可谓家喻户晓。从1997~2006年，中国科学院水生生物研究所、农业部（现为农业农村部），以及中、美、英等七国科学家对生存在长江中的白鱀豚进行了多次大规模搜索行动，未果。2002年7月14日，在中国科学院水生生物研究所饲养室中生活了22年185天的雄性白鱀豚“淇淇”死亡，这可能是全球最后一只白鱀豚。2007年，英国皇家学会《生物学快报》发表了“2006长江豚类考察”报告，宣布白鱀豚功能性灭绝。非常悲哀的是，白鱀豚成为1 500年以来第一种因为人类活动而灭绝的鲸类。2018年，与白鱀豚共同生存在长江流域的江豚从窄脊江豚长江亚种中提升为独立物种，使得我国又增加了一个新的特有种——长江江豚。值得庆幸的是，长江江豚的保护受到我国政府的高度重视，部分区域的种群数量得以回升。

3. 灵长类动物

此类动物是和人类亲缘关系最近的类群，即灵长目。全球灵长目的种类已经超过了500种，我国生活着29种非人灵长类，包括2种懒猴科动物、19种猴科动物和8种长臂猿科动物。2005年，藏南猕猴作为新物种在我国藏南达旺地区被发现，随后在藏东南地区也发现了藏南猕猴的身影；2010年，缅甸金丝猴作为新物种在缅甸克钦邦东北部被发现，次年在我国云南省高黎贡保护区发现上百只的种群，至此，全球5种金丝猴中有4种在我国有分布，其中川金丝猴、滇金丝猴、黔金丝猴为我国特有种。2015年和2017年，中山大学范朋飞教授团队发现并命名了两个灵长类新物种——白颊猕猴和高黎贡白眉长臂猿（天行长臂猿），使得我国灵长类的物种丰富度再度攀升。虽然有 6 种长臂猿分布于我国，但是白掌长臂猿、北白颊长臂猿在我国已经消失了 10 年以上，而西白眉长臂猿在我国的分布尚存疑问。海南长臂猿作为全球最濒危的灵长类，生存在我国海南霸王岭保护区，仅为 5 群 33 只。同样值得一提的是，在 20 世纪 50 年代，东黑冠长臂猿被宣布野外灭绝。直到 2002 年，东黑冠长臂猿在越南北部被重新发现。2006 年，东黑冠长臂猿在我国广西靖西市邦亮林区被发现，中越跨边境保护工作开启。2009 年，我国建立广西邦亮长臂猿自然保护区。目前，在我国出现的东黑冠长臂猿共 5 群 33 只，其中的 1 群完全生存在我国境内，其余 4 群则在中越国境线上穿梭（图 2-6 ~ 图 2-8）。

图 2-6　天行长臂猿

图 2-7　长尾猕猴

图 2-8　菲氏叶猴

4. 食草类动物

此类动物在我国包含长鼻目、奇蹄目和偶蹄目动物。1 种长鼻目动物、6 种奇蹄目动物和 64 种偶蹄目动物组成了我国的食草类动物。亚洲象，这种唯一分布在亚洲的长鼻目动物在我国分布于云南的普洱、临沧和西双版纳等地，数量不足 300 头。6 种奇蹄目动物中，3 种亚洲犀——大独角犀、爪哇犀、苏门答腊犀均在 20 世纪 20 年代左右在中国灭绝，3 种马科动物中的藏野驴（图 2-9）、蒙古野驴分布在我国青藏高原、新疆和内蒙古，而普氏野马则在 20 世纪 60 年代在野外灭绝，20 世纪末，我国和蒙古国分别从欧洲引回几十匹普氏野马饲养种群的后代，开展重引入与野化工作，目前进展

图 2-9　藏野驴

良好，在我国新疆卡拉麦里保护区已出现 5 群共计 80 余匹的野放种群。偶蹄目动物是一个非常复杂的类群，在我国包括猪科、驼科、鼷鹿科、麝科、鹿科和牛科动物，野猪是我国猪科动物的唯一种类，分布广泛且近年数量恢复较快，已对部分地区的农作物带来了损害；野骆驼是我国驼科动物的唯一种类，数量稀少，分布于新疆和甘肃戈壁地区；小鼷鹿作为鼷鹿科在我国的唯一物种，分布于云南。麝科动物和鹿科动物的亲缘关系很近，可并称为鹿类动物。6 种麝科动物和 22 种鹿科动物组成了分布于我国的鹿类动物。麝科动物没有角，但生有一个麝香腺，也因而得名。我国鹿类动物物种丰富，占全球鹿类动物的 40% 以上。牛科动物包括牛、羊和羚羊，我国共有 33 种牛科动物分布，包括野牛、牦牛（图 2-10）、原羚、羚、羚牛、斑羚、羊、盘羊、鬣羚等诸多类群，其中高鼻羚羊在我国已野外灭绝，藏羚羊也曾因其珍贵毛皮“沙图什”而招致“屠杀”，后因政府和当地民众大力保护使该种群数量缓步恢复。由于分子生物学技术的飞速发展，近年来

图 2-10　牦牛

偶蹄目动物的分类发生了较大变化，较多亚种提升为种，使得偶蹄类动物的物种数有了较大幅度的提升（图 2-11、图 2-12）。

图 2-11 小鼷鹿

图 2-12 赤麂（雄性）

5. 啮齿类动物

此类动物包括兔型目和啮齿目，而兔型目则包括鼠兔科和兔科动物。啮齿动物的门齿有不断生长的特性，需要经常啃噬硬物以保证门齿在适合的长度。兔型目有两排 4 颗上门齿，这与啮齿目的 2 颗上门齿有明显不同。我国分布有 29 种鼠兔科动物和 12 种兔科动物，而啮齿目的物种数则高达 220 种，包括 1 种河狸科动物、3 种豪猪科动物、50 种松鼠科动物、67 种仓鼠科动物、62 种鼠科动物、4 种刺山鼠科动物、13 种鼹型鼠科动物、2 种睡鼠科动物、18 种跳鼠科动物。在众多的啮齿类动物中，很多类群很受关注，如鼠兔科、松鼠科（图 2–13）、河狸科等。在我国新疆北部的布尔根国家级自然保护区生活着欧亚河狸蒙新亚种，这种可以改变周边生态环境的小动物在当地备受关注。

图 2–13　欧亚红松鼠

6. 食虫类动物

此类动物多指鼩形目和猬形目动物，后经分子生物学技术的介入，分布在欧亚大陆的鼩形目和猬形目合并为劳亚食虫目，而分布在非洲的鼩形目和猬形目则合并为非洲鼩目。本书所列的食虫类动物还包括以昆虫等低等动物为主要食物的鳞甲目和攀鼩目。我国生存着 3 种鳞甲目动物、1 种攀鼩目动物和 89 种劳亚食虫目动物。由于严重偷猎的存在，全球 8 种穿山甲均处于濒危状态，印度穿山甲、马来穿山甲、中华穿山甲虽然在我国有分布，但是印度穿山甲和马来穿山甲均为边缘分布，而中华穿山甲虽然历史分布区较广，但是大规模偷猎致使中华穿山甲的种群数量急剧下降，濒临灭绝。北树鼩（图 2–14）是我国攀鼩类动物的唯一种类，在我国云南、广西、藏东南地区常见。攀鼩目形似松鼠，但却是食虫动物，这类动物的祖先与灵长目动物的祖先有着一定的亲缘关系。我国的 89 种劳亚食虫目动物包括 10 种猬科动物、

图 2–14　北树鼩

18 种鼹科动物、61 种鼩鼱科动物。刺猬和鼹鼠是我们较为熟悉的动物类群，而鼩鼱则有些生疏，这类小动物极似老鼠，但其吻部稍长且更加灵活，其亲缘关系与啮齿类相距甚远。

7. 翼手类动物

此类动物仅包括翼手目，是唯一会飞翔的哺乳动物。共有 135 种翼手目动物分布在中国，包括 11 种狐蝠科动物、2 种鞘尾蝠科动物、2 种假吸血蝠科动物、21 种菊头蝠科动物、9 种蹄蝠科动物、3 种犬吻蝠科动物、87 种蝙蝠科动物。我国翼手目研究起步较晚。步入 21 世纪，国内科研人员才开始对翼手目动物开展了大量研究，取得了很多科研成果。2003 年，中国科学院动物研究所科研团队发现大足鼠耳蝠食鱼，成为全球第 4 种食鱼蝙蝠，中央电视台因此拍摄了科教片《夜空中的利爪》；2007 年以来，中国翼手目新物种不断被发现，包括北京宽耳蝠、小扁颅蝠、华南菊头蝠、黄胸管鼻蝠、姬管鼻蝠、隐姬管鼻蝠、锲鞍菊头蝠、施氏菊头蝠、水甫管鼻蝠、罗蕾莱管鼻蝠、金毛管鼻蝠、栗鼠耳蝠、梵净山管鼻蝠等 13 个新种蝙蝠。

（三）中国哺乳动物保护

据不完全统计，我国国家级自然保护区已超过 470 个，省级自然保护区已超过 2 000 个，占陆域国土面积已超过 15%。2013 年，党的十八届三中全会提出建立国家公园体制，至 2020 年，我国已经建立 10 个国家公园体制试点单位，包括：三江源国家公园、东北虎豹国家公园、祁连山国家公园、大熊猫国家公园、海南热带雨林国家公园、武夷山国家公园、神农架国家公园、普达措国家公园、钱江源国家公园、南山国家公园，涉及 12 个省份，总面积超过 22 万平方千米，约占我国陆域国土面积的 2.3%。2019 年 8 月 19 日，习近平总书记致信祝贺第一届国家公园论坛开幕："中国实行国家公园体制，目的是保持自然生态系统的原真性和完整性，保护生物多样性，保护生态安全屏障，给子孙后代留下珍贵的自然资产。这是中国推进自然生态保护、建设美丽中国、促进人与自然和谐共生的一项重要举措。”可见，我国政府对于自然保护地建设极为重视。

我国政府对于大熊猫、川金丝猴、麋鹿、普氏野马等野生动物的宣传和保护可谓家喻户晓。以国宝大熊猫为例，为拯救大熊猫，中国政府几十年来投入了大量的人力、物力和财力，先后在大熊猫分布区建立了 67 个自然保护区，总面积达 33 118 平方千米。2015 年 2 月 28 日，国家林业局（现为国家林业和草原局）举行新闻发布会，公布全国第四次大熊猫调查结果。调查结果显示，截至 2013 年年底，全国野生大熊猫种群数量达 1 864 只，圈养大熊猫种群数量达到 375 只，野生大熊猫栖息地面积为 258 万公顷，潜在栖息地 91 万公顷，分布在四川、陕西、甘肃三省的 49 个县（市、区）、196 个乡镇。在长达 50 多年的大熊猫保护进程中，经常有人质疑，花费大量的资金用于大熊猫保护，值得吗？为回答这个问题，中国科学院动物研究所魏辅文院士领导的研究团队与澳大利亚国立大学、中国科学院成都生物研究所、澳大利亚詹姆斯·库克大学、四川省野生动物资源调查保护管理站、美国匹兹堡大学、美国圣地亚哥动物园、英国卡迪夫大学、四川王朗国家级自然保护区、荷兰特温特大学、成都大熊猫繁育研究基地、西华师范大学、北京师范大学、北京林业大学和四川省林业调查规划院等国内外多家单位的专家合作，首次对大熊猫及其栖息地的生态系统服务价值进行了评估。相关研究成果发表在 2018 年 6 月的 *Current Biology* 上。结果表明，大熊猫及其栖息地的生态系统服务价值每年达 26 亿 ~69 亿美元，是大熊猫保护投入资金的 10~27 倍，这说明大熊猫及其栖息地的生态系统服务价值远高于保护投入，也充分说明对大熊猫保护的投入是非常值得的。该研究结果对大熊猫国家公园的建设及其他自然资本的投资具有重要的指导意义。

2016 年，世界自然保护联盟（IUCN）宣布，在最新评估的《世界自然保护联盟濒危物种红色名录》中，大熊猫（图 2-15）、藏羚羊的濒危等级下调。2017 年雪豹的濒危等级也下调一个等级，从“濒危”降至“易危”。

图 2-15　大熊猫

世界自然保护联盟濒危等级的调整工作是由全球顶级科学家面对极为全面和细致的数据所做出的科学结果，等级下调足以说明这些物种的生存状况在向好的方向发展。这些受到保护和关注的“旗舰种”和“伞护种”将对同域分布的其他野生动物的生存带来积极的影响。

在诸多好消息传来的同时，我们也要正确面对我国野生动物的现状。我国哺乳动物的保护依然面临着严峻局面。我国仍有近 200 种哺乳动物处在受威胁的等级状态，濒危哺乳动物占哺乳动物总数的比例远高于世界平均水平。我国哺乳动物的研究、保护和宣传教育工作依旧任重道远！

二、中国鸟类多样性

（一）中国鸟类概述

中国地大物博、幅员辽阔、自然环境复杂多样、海岸线弯曲绵长，为鸟类栖息带来了诸多有利条件。自新中国成立以来，鸟类学研究取得了突飞猛进的发展，关于我国鸟类区系分类与分布的家底调查也日益完善和精准。进入 21 世纪，观鸟人群的壮大与专业程度的提升，对我国鸟类物种丰富度的提升起到了不小的作用。

中国鸟类物种多样性丰富，复杂多样的自然生态类型和多样的物候条件为鸟类的分布和演化提供了优越的条件，使中国成为世界上鸟类多样性最为丰富的国家之一。2018 年《中国鸟类分类与分布名录》（第 3 版）记录了 1 445 种鸟类；2020 年《中国观鸟年报——中国鸟类名录 8.0 版》记录了 1 480 种鸟类；2021 年出版的《中国鸟类观察手册》记录了 27 目 114 科

图 2-16　白眉姬鹟（雄性）

图 2-17　小白鹭

1 491 种鸟类，约占全球鸟类物种总数的 13%（图 2-16、图 2-17）。

中国是全球 12 个生物多样性特别丰富的国家之一，野生动物物种兼具两个动物地理区划带——古北界和东洋界的特征。喜马拉雅山脉以东至秦岭山系和淮河一线是有效的天然屏障，成为两大动物地理区划带的分界线。作为全球唯一一个跨越两个动物地理区划带的大国，有关我国鸟类物种丰富度的研究一直受到全球科研工作者和观鸟人士的关注。据北京大学的研究结果，我国鸟类物种丰富度地理分布格局存在一定的随纬度变化的趋势，但这种趋势并不明显。我国大陆的鸟类物种丰富度热点地区可以归为 9 个地区。

①大兴安岭北端—呼伦湖。

②小兴安岭—三江平原。

③大兴安岭南端及周边地区。

④太湖—天目山—长江入海口地区。

⑤武夷山。

⑥秦岭—汉江上游地区。

⑦西双版纳。

⑧喜马拉雅山脉东南麓至横断山脉一带。

⑨天山山脉西部—伊犁河流域地区。

在全球范围内，唯一入选全球34个生物多样性热点地区的我国区域在西南山地，这一生物多样性热点地区西起东喜马拉雅山地、雅鲁藏布大峡谷一直延伸至整个横断山区和川西高原；主要包括藏东南、滇西北、中缅边境、川西及青海东南部和甘肃南部地区。据不完全统计，这一区域的鸟类物种数已超过800种，达到中国鸟类种数的一半以上。据中国科学院动物研究所的研究结果，我国100余种特有鸟类有三个重要的集中分布区域——横断山区、川北—秦岭—陇南山地、台湾岛。作为西南山地核心区域的横断山区极有可能是中国鸟类区系在第四纪冰期的“避难地”，也因而成为中国鸟类区系形成的“种源地”。

（二）中国鸟类类群

根据《中国鸟类观察手册》（2020）和 *All the Birds of the World*（2020）的记录，我国分布有雁形目、鸡形目、潜鸟目、鹱形目、鹈鹕目、红鹳目、鹲形目、鹳形目、鹈形目、鲣鸟目、鹰形目、鸮形目、鹤形目、鸻形目、沙鸡目、鸽形目、鹃形目、鸮形目、夜鹰目、雨燕目、咬鹃目、佛法僧目、犀鸟目、䴕形目、隼形目、鹦形目和雀形目等共计27个目的鸟类类群。由于篇幅有限，为方便读者阅读，这里按照传统生态类群分为游禽、涉禽、猛禽、陆禽、攀禽和鸣禽加以介绍（图2–18、图2–19）。

图 2-18　凤头雀嘴鹎

图 2-19　凤头麦鸡

1. 游禽

游禽善于游水和潜水，具有发达的尾脂腺，且脚趾间具蹼。在中国的游禽包括雁形目、潜鸟目、鹱形目、䴙䴘目、鹲形目、鲣鸟目，以及鹈形目中的鹈鹕科鸟类、鸻形目中的鸥科、贼鸥科和海雀科鸟类。我国分布有61种雁形目鸟类和5种䴙䴘目鸟类和鹈形目中的3种鹈鹕科鸟类，在江河湖泊中多有分布，绝大多数属于在淡水区域生活的游禽。这一类是最为常见的游禽类群，具有迁徙习性且多素食的雁鸭类、䴙䴘的求偶舞蹈、鹈鹕的皮囊状下喙都是极具特色的认知点；我国分布在海洋的游禽包括4种潜鸟目鸟类、17种鹱形目鸟类、3种鹲形目鸟类、12种鲣鸟目鸟类、5种海雀科鸟类、鸻形

图 2-20　灰雁

目中的 43 种鸥科鸟类和 4 种贼鸥科鸟类，这些以鱼类为主要食物的远洋鸟类多远离大陆，在海洋岛屿中繁衍后代。雁鸭类是最常见的游禽，也是典型的早成性鸟类，出壳后的雏鸟眼睛就已睁开，全身有浓密的绒羽，出壳后不久就可能跟随亲鸟奔走觅食。奥地利动物行为学家 Konrad Lorenz 对灰雁（图 2-20）的研究发现，小灰雁在出壳后便与雁妈妈隔离，那么小灰雁会把它见到的可移动物体当作妈妈，哪怕这个物体只是个用绳子牵引的木块或者纸盒。Konrad Lorenz 把这种行为称为印记行为，印记是动物发育早期的一种学习类型，它发生在个体发育的早期阶段并有一个明显的学习敏感期。它对动物的近期影响是跟随反应，远期影响是性印记并影响动物成年后的社交和择偶。1973 年，鉴于 Konrad Lorenz、Karl Frisch、Niko Tinbergen 在动物行为学研究中的杰出贡献，三人共同分享了当年的诺贝尔生理学或医学奖。Konrad Lorenz 也被称为现代动物行为学之父。

2. 涉禽

涉禽多涉水而居，多数不会游水，喜在湿地浅滩上涉水取食。在我国的涉禽包括鹳形目、红鹳目、鹤形目、鸻形目的大部分类群、鹈形目的鹭科和鹮科种类。我国分布有 7 种鹳形目鸟类、1 种红鹳目鸟类、鹤形目的 9 种鹤科鸟类，以及鹈形目的 26 种鹭科鸟类和 6 种鹮科鸟类，这些大型的涉禽特征明显，具有长腿、长颈和长嘴（红鹳目鸟类除外）。中国分布的 9 种鹤中，赤颈鹤曾在云南西南部和南部有分布记录，目前可能已经野外灭绝。大红鹳原分布于非洲和欧洲南部及阿拉伯地区，近年扩散很快，我国很多地区都见到了大红鹳的身影。2013 年，15 只白头鹮鹳现身贵州曹海，这种曾在我国灭绝的鸟类再现的消息令人振奋，但遗憾的是之后再未出现；2006 年，分布在东南亚的钳嘴鹳在云南现身，随后几年，其身影出现在广西、贵州、江西甚至是宁夏等地，成为我国鹳形目的第 6 个物种；2011 年，分布在南亚和东南亚的白颈鹳出现在云南纳帕海，这也是至今为止唯一的记录，也成为我国鹳形目的第 7 个物种。在我国分布的 137 种鸻形目鸟类、鹤形目的 21 种秧鸡科鸟类都属于小型涉禽，它们不具备大型涉禽的“三长”特点。秧鸡科鸟类善于游泳和潜水，绝大多数种类无蹼，但少数种类如白骨顶脚趾间具有瓣蹼。秧鸡类具有较大的脚，喜在浓密的水边密草丛中栖息。鸻形目种类众多，我国有石鸻科、蛎鹬科、鹮嘴鹬科、反嘴鹬科、鸻科、彩鹬科、水雉科、燕鸻科、鹬科等形态各异的类群，以鸻鹬类小型涉禽著称。水雉、彩鹬还是极少数采用“一雌多雄”婚配制度的鸟类。

3. 陆禽

陆禽是一类腿部强壮适于地面行走的鸟类，翅短圆退化、喙强壮且多为弓形，这种喙形适于啄食。我国的陆禽包括鸡形目、鸽形目、沙鸡目、鸨形目和鸻形目三趾鹑科的鸟类。我国分布有 64 种鸡形目鸟类和 3 种鸨形目鸟类，属于比较大型的陆禽。按照最新的分类系统，松鸡科鸟类并入雉科，因此我国鸡形目仅有 1 科，即雉科，包括 28 种雉、28 种鹑和 8 种松鸡。2016 年 11 月，灰腹角雉在云南德宏被红外相机拍到，这是我国首次在自然生境中拍摄到的灰腹角雉图像。全球共有 5 种角雉，在我国均有分布，但是比灰腹角雉更加濒危的黑头角雉在 20 世纪 50 年代后在我国再无观察记录，应为野外灭绝。我国是鸡形目雉科鸟类分布的中心，共有 20 个雉科特有种。血雉属、角雉属、勺鸡属、虹雉属、马鸡属、锦鸡属的全部种类在我国均有分布。我国的 3 种鸨形目鸟类包括大鸨、小鸨和波斑鸨，其中大鸨是现今体重最大的会飞翔的鸟类。我国分布有 33 种鸽形目鸟类、3 种沙鸡目鸟类和鸻形目的 3 种三趾鹑科鸟类，它们都是属于比较小型的陆禽。沙鸡目的鸟类栖息于荒漠和半荒漠的开阔生境，大部分种类会运用腹部羽毛为雏鸟运送水分（图 2–21、图 2–22）。

图 2-21　黑琴鸡

图 2-22　黑水鸡

4. 猛禽

猛禽是我们比较熟悉的类群，爪锐利且带钩、视觉敏锐，多具有猎杀动物为食的习性，包括鹰形目、隼形目和鸮形目鸟类。除秃鹫、兀鹫等少数种类以腐肉为食，其他猛禽均自行捕猎，成为空中霸主。我国分布有 55 种鹰形目、12 种隼形目和 32 种鸮形目。鹰形目猛禽体型差异较大，兀鹫类为体型最大的鹰形目鸟类，雀鹰类为体型最小的鹰形目鸟类。鸮形目猛禽俗称猫头鹰，多夜间活动，是一类神奇的猛禽。猫头鹰的眼睛只能朝前看，为了看清两侧的物体，猫头鹰就必须转动它灵活的脖子，它的脖子能转动 270°。猫头鹰的头骨不对称，两个耳孔不在同一水平线上，这一特征可以使声波到达两耳存在细微差别，使它们能够极其准确地测定猎物的立体方位。猫头鹰在飞行时没有声音，原因在于其羽毛的表面密布着绒毛，飞羽边缘还具锯齿般柔软的缘缨，飞行时可以减弱和空气的摩擦，减弱或消除噪声，便于向猎物发动突然袭击。隼形目猛禽原来和鹰形目猛禽归为一个类群，后来发现隼形目鸟类与夜鹰目鸟类亲缘关系更近，而与鹰形目猛禽亲缘关系较远，因而独立出来。

5. 攀禽

攀禽是最难依据外形和行为来归类的鸟类，但是这个类群的鸟类有一个与其他类群鸟类非常不同的一点，就是趾型。攀禽全部都是非标准趾型鸟类，也就是说，只要这种鸟类的趾型不属于“三前一后”的标准趾型，都列入攀禽类。我国的攀禽包括鹃形目、夜鹰目、雨燕目、咬鹃目、佛法僧目、犀鸟目、䴕形目和鹦形目鸟类。鹃形目、䴕形目和鹦形目鸟类属于第 2、3 趾在前，第 1、4 趾在后“两前两后”的对趾型；咬鹃目鸟类属于第 3、4 趾在前，第 1、2 趾在后的异趾型，也属于“两前两后”的足型；雨燕目鸟类属于“四趾朝前”的前趾型；夜鹰目、佛法僧目、犀鸟目鸟类属于第 3、4 趾基部相连的并趾型。我国分布有 20 种鹃形目、43 种䴕形目、9 种鹦形目和 3 种咬鹃目鸟类，这四类的足型虽然都属于“两前两后”，但排列不同。“两前两后”的对趾和异趾足型可以帮助鸟类更好地抓握树枝，鹦形目鸟类和䴕形目中的啄木鸟科鸟类的对趾结构还非常适合在树干上攀爬。我国分布有15种雨燕目鸟类，这种前趾型鸟类几乎从不落在地面上，只会用它们四趾朝前的爪很好地抓持在崖壁的垂直面上。我国分布有7种夜鹰目鸟类、23种佛法僧目鸟类和6种犀鸟目鸟类，这些鸟类的共同之处在于都拥有第3、4趾基部相连的并趾足型。夜鹰目鸟类是极少数在夜间活动的类群，而佛法僧目和犀鸟目的鸟类则以华丽的羽色示人，3种佛法僧科鸟类、9种蜂虎科鸟类、11种翠鸟科鸟类、5种犀鸟科鸟类、1种戴胜科鸟类（图2–23）组成了华丽的大家庭。2016年1月，一只分布于东南亚的赤须夜蜂虎出现在云南瑞丽，这也成为我国唯一一次关于赤须夜蜂虎的记录。云南德宏盈江在我国被称为“犀鸟之乡”，这里很容易见到冠斑犀鸟、花冠皱盔犀鸟和双角犀鸟，因而成为著名的观鸟圣地。2021年3月，棕颈犀鸟现身盈江，与上一次棕颈犀鸟现身云南的时间相隔了30余年。

图2–23　戴胜

6. 鸣禽

鸣禽是物种数最多的类群，仅包括雀形目。雀形目仅仅是全球鸟纲36个目中的一个目，但是其物种数却占全球鸟类总数的60%左右，可见雀形目鸟类物种数之庞大。雀形目鸟类善于鸣叫，由鸣管控制发音。鸣管和鸣肌结构复杂且发达，因而可以发出婉转、悦耳的叫声，鸣禽也因而得名。我国分布有64科849种雀形目鸟类。鸟类鸣声是个体交流的重要手段，分为鸣叫和鸣唱。鸣叫声音一般比较简单，主要用于个体间的联络和报警。鸣唱则复杂很多，在繁殖季节用于求偶炫耀、吸引异性和宣示领地。一般来说，只有雀形目鸟类才会鸣唱。不同种类鸟类的鸣唱性明显不同，这也成为鸟类科研工作者和观鸟者识别鸟类物种的重要基础。通过聆听鸟类的鸣唱声，就可以区分外型上十分相似的鸟类，如柳莺类等。很多鸟类学家，都是从聆听和区分鸣唱声入手描述了不少新种。在鸟类统计和观鸟过程中，发现和识别雀形目鸟类往往是通过听觉，而不是通过视觉。雀形目鸟类种类繁多、多才多艺，有善于鸣唱的，如各种莺、鸲、鸫、鹟、鹛、山雀、百灵和鹀等；有善于跳舞的，如各种娇鹟、极乐鸟等；有善于编织的，如各种阔嘴鸟、织雀；有善于展示才艺的，如各种园丁鸟；有比拼颜值的，如各种八色鸫、梅花雀、鹦鹉；有比拼智商的，如各种鸦、钟鹊；有善于潜水的，如各种河乌和少数鸲类；有吸食花蜜的，如各种花蜜鸟、啄花鸟等；还有大批色艺双馨的，如各种伞鸟、绣眼鸟、扇尾鹟、太平鸟和琴鸟等。鸣禽物种众多，它们分布在除两极之外的全球各地，鸣禽的祖先出现在3 000万年前的澳大利亚。大约在2 400万年前，鸣禽随着板块构造运动开始离开澳大利亚，扩散到东南亚其他群岛。在1 500万年前，鸣禽的祖先登陆亚洲南部，即中国的南方山地。在这里，鸣禽在复杂多样的中国南方山地开始了暴发式演化，从亚洲逐渐扩散到全球。鸣禽，也就是雀形目鸟类，其演化扩张并形成新物种的速度比其他类群的鸟类要快得多，物种数在演化过程中迅速暴增，占据全部鸟类的大半壁江山（图2–24、图2–25）。

图 2-24　红领绿鹦鹉

图 2-25　黑枕王鹟

（三）观鸟与中国鸟类保护

飞翔，自古以来就承载着人类的梦想。鸟类美丽和灵动的飞翔总是令人羡慕和着迷，鸟类的羽色是动物世界中最为艳丽和多样的，鸟类的鸣唱是世上最美妙和动听的旋律，鸟类的迁徙又是那样独特和不可思议。可以说鸟儿是自然界生物进化最美丽的音符。鸟类在爬行动物的进化历程中脱胎换骨，羽毛、翅膀是鸟类区别于其他动物的标志性“配件”，凭借着双翼翱翔于天空。其独特的骨骼结构、运动器官、呼吸系统承载了飞翔的重任，完成了从陆地到天空的飞跃。飞翔，是鸟类的骄傲。其婉转的歌喉、多彩的羽色、完美的舞姿、优雅的体态、婀娜的身姿成为世上最亮丽的风景。

鸟类，是人类最喜爱的动物类群。民众观鸟人群之庞大令人惊诧，民众观鸟活动对于科学研究工作和转变鸟类栖息地老百姓的生态观念起到了重要作用，这种公众参与或者说是助力科研的状况是其他类群野生动物的研究工作中极少出现的现象。观鸟活动兴起于 18 世纪晚期的英国和北欧，其初期一直是少数“有钱又有闲”的贵族人群的一项消遣活动。在我国，观鸟界公认的观鸟元年是 1996 年。那一年，自然之友梁从诫会长开始提倡和组织民众观鸟活动。随后，其他环保组织和高校老师纷纷响应，中国民间观鸟登上了历史舞台。谁能想到，200 多年后的今天，观鸟已经成为社会大众最流行的户外运动项目之一。全国爱鸟周的设立、观鸟人群和拍鸟人群的大幅增长，也为全国老百姓（也包括边远地区）对于鸟类的保护和宣传奠定了基础。世代过着“靠山吃山、靠海吃海”生活的山区和海滨百姓，也逐步完成了从捕鸟者到护鸟者的角色转变，中国观鸟胜地“百花岭”“盈江”就是典型的案例。200 多年观鸟史，打造了一批批热爱自然的人群，这些人群不断地影响着周边的群体，承载着“愿天空不再孤单”的重任！

我国现代鸟类学研究始于 20 世纪 20 年代。新中国成立后，我国的鸟类学研究工作取得了长足的发展。关于我国近代鸟类学的奠基人，必须要提到郑作新先生。郑先生是中国科学院学部委员（院士）、中国科学院动物研究所研究员、博士生导师。我国近代的有影响力的鸟类学专著几乎都出自郑作新先生之手，如《中国鸟类分布目录》《中国经济动物志·鸟类》《中国动物志·鸟纲》第 2、4、6、11 和 12 卷，《中国鸟类系统检索》《中国鸟类分布名录》《秦岭鸟类志》《西藏鸟类志》《中国鸟类种和亚种名录大全》《中国鸟类区系纲要》（英文版），《世界鸟类名称》等，郑先生对中国鸟类学的发展起到了极大的推动作用。郑作新先生的学生、弟子较多，培养和影响了一大批从事鸟类学研究的人才，堪称一代宗师。郑光美院士是现今我国鸟类学研究的领军人物，虽然没有师承关系，但是郑光美院士一直把郑作新院士当作自己的导师。

2015 年 5 月 Avian Research 在线发表了一篇论文，报道了在我国中部地区发现的一个鸟类新种——四川短翅莺（*Locustella chengi*）。这是在我国境内发现的又一鸟类新物种，而且很可能还是中国特有种。为了纪念中国现代鸟类学奠基者之一的郑作新院士，四川短翅莺的种加词被作者 Per Alstrom 指定为 chengi，这也成为首个以中国鸟类学家的姓氏来命名的鸟类。Per Alstrom 是一名非常出色的鸟类学工作者，他与合作者仅在中国就发现并命名了 7 个鸟类新种。早年来中国观鸟时，Per Alstrom 就曾拜访郑作新先生，受到了郑先生的热情接待，并在后续的研究中得到了郑先生的帮助。也是缘于此，Per Alstrom 和合作者用郑作新先生的姓氏命名四川短翅莺，以表达对先生的敬意。

我国的各类自然保护区已接近 3 000 个，占陆域国土面积已超过 15%。2020 年，我国已经建立 10 个国家公园体制试点单位，加大了对我国自然保护地的建设和保护力度。这些保护地中不乏以鸟类保护为核心的保护区域，如董寨鸟类自然保护区、鄂尔多斯遗鸥自然保护区、大连老铁山自然保护区、丹东鸭绿江口滨海湿地自然保护区、黑龙江扎龙自然保护区、盐城湿地珍禽自然保护区、上海崇明东滩鸟类自然保护区、江西鄱阳湖南矶湿地自然保护区、山东荣成大天鹅自然保护区、贵州宽阔水自然保护区、云南会泽黑颈鹤自然保护区、陕西汉中朱鹮自然保护区等一大批国家级和省级自然保护区。国家公园更是以超大面积的保护区域对当地生态系统中所有生物进行整体性的保护，当然也包括鸟类。

目前国际上有许多大规模的鸟类监测项目，这些项目既能促进大众对鸟类的了解和对保护鸟类重要性的认识，更有助于科研工作者了解鸟类的分布、种群动态和迁徙规律等。我国的鸟类监测也在进行之中，中国观鸟者从2005年开始对东部沿海的水鸟进行了较大规模的同步调查，同时公众参与的项目还有长江中下游地区的水鸟资源调查、全国陆生野生动物资源调查等。随着鸟类学研究队伍的壮大和公众对观鸟兴趣的不断提高，中国公众的参与可以覆盖更大地理范围的鸟类学调查与监测项目。事实上，只要把观鸟者的准确记录信息汇集在一起，就可以反映出一个地区长期的生物多样性变化。2003年，科研机构把观鸟者记录到的鸟类监测数据集结成册，发布了第一期《中国观鸟年报》，之后《中国观鸟年报》逐年更新，里面包含很多重要的鸟种数据，为科学研究提供了重要参考。2021年出版的《中国鸟类观察手册》中1 491种鸟类的记录中也有着很多观鸟爱好者的贡献。

我国政府对于朱鹮、丹顶鹤、黄腹角雉等野生鸟类的宣传和保护可谓家喻户晓。提到鸟类的保护，最值得一提的是我国对于朱鹮的开创性工作。这是人类拯救濒危物种的成功典范。朱鹮分布于东亚，20世纪初期还是常见的鸟类。后来由于生存环境的恶化，20世纪70年代末，朱鹮开始相继在苏联、朝鲜半岛消失，日本的朱鹮也宣告野外灭绝。中国成为野生朱鹮的唯一生存地，但实际状况不明。1978年，寻找朱鹮的重任落在了中国科学院动物研究所刘荫增等科研人员的肩上。在随后的3年时间里，科研团队沿着朱鹮曾分布的吉林长白山脉寻觅，途经燕山、中条山、吕梁山、大别山，始终没有发现朱鹮的身影。随后一再扩大寻觅范围，北起黑龙江兴凯湖，南至海南岛，西自甘肃东部，东临海岸线。行程5万千米，走过13个省份，足迹踏遍大半个中国，终于在 1981 年 5 月 23 日，在陕西省洋县姚家沟找到了世上仅存的 7 只朱鹮，这是当时全球唯一的野生种群。随后，在政府科研工作者和当地老百姓的共同努力下，野生朱鹮种群不断壮大。到 2020 年，朱鹮在洋县及其附近的巢数超过 500 个，全球总数超过 5 000 只。中国成功拯救了一个物种。

近几十年来，随着分子生物学及相关技术方法在鸟类学研究中的应用，鸟类系统学研究得到了快速发展，鸟类系统分类逐渐由依赖于表现型转向以基因型为依据。目前这些技术已经被基于线粒体 DNA、核基因，以及全基因测序，结合鸟类鸣声和生态学、行为学特征的分析研究，在鸟类的分类地位、系统演化、谱系地理及保护遗传学等领域开展研究已经成为鸟类学一个重要的发展方向。分子生物学研究方法在鸟类系统分类学中的科学应用，成为全球鸟类分类系统多次调整和物种数不断攀升的重要原因之一。

美国鸟类学家 Grinnell 在 1936 年的《现代鸟类学趋势》一文中说：我斗胆宣告，鸟类学研究正面临着一个前景极为有利的新时代。对鸟类在野外的研究，有或没有望远镜和相机借助，都将对科学做出有价值的贡献。21 世纪，Grinnell 的宣言仍然对鸟类科研工作者和观鸟爱好者具有指导意义，中国鸟类学的发展已经对世界鸟类学和整个科学领域的发展做出了巨大贡献！

三、中国两栖爬行动物多样性

（一）中国两栖爬行动物概述

两栖爬行动物是两栖纲和爬行纲动物的统称，两栖动物包含我们所熟悉的蛙类、蟾蜍、鲵类和蝾螈等，爬行动物包括各种蜥蜴、龟鳖、鳄类和蛇等。两栖爬行动物在脊椎动物中占有重要的分类地位。其中两栖动物是水生动物到陆生动物的过渡类型，它们的身体结构基本具备了陆生脊椎动物的形态结构，也就是说既保留了适应水生生活的特征，又具有开始适应陆地生活的特征，是研究四足动物的起源与其演化的关键代表。虽然在生活史周期中卵外没有任何保护装备，幼体也是在水中用鳃呼吸，但它们能够经历变态发育在短期内变为营陆地生活、以肺呼吸为主，变为有五趾型四肢的成体，在这一点上，两栖动物比鱼类得到了更全面和智能的进化（图 2–26、图 2–27）。

图 2–26　金环蛇

图 2-27　丽棘蜥

爬行类动物是真正的陆生脊椎动物，哺乳动物和适应飞翔的鸟类都是由爬行动物进而演化的。因此，爬行动物的存在是脊椎动物的演化过程中至关重要的一环，按照地质年代，爬行类动物是由 3 亿年前石炭纪末期，原始两栖动物中的迷齿螈亚纲的一支衍生出的爬行纲动物，从此，陆生脊椎动物开始在地球上逐渐占据了统治地位。然而爬行纲动物身体有机结构的完善程度并没有登上动物界进化的巅峰，与进化更高级的哺乳动物和鸟类相比，它们在身体有机结构上还有很多低级的地方，其中爬行纲的动物自身活动产生的热量较少，它们的体温调节机能并不完善，因此不能维持体温恒定，使得它们在很大程度上特别依赖环境温度，因此它们不能生活在温度过高或过低的环境下，继而会在炎热的夏季或者寒冷的冬季出现蛰伏状态（夏眠或冬眠）。而爬行纲动物对于外界环境刺激的反应能力也没有哺乳动物和鸟类强，例如，大多数的爬行动物并没有进化到拥有像哺乳动物的“胎生”这样优越的繁殖方式，因此中生代时期曾经称霸一方的爬行动物却在新生代逐渐没落，继而渐渐地被哺乳动物取而代之。我国爬行动物的分类研究起步较晚，《中国爬行动物系统检索》是中国最早的全面系统整理爬行动物的文献，书中收录了我国爬行纲动物 316 种，其中鳄目 1 科 2 属 2 种，龟鳖目 4 科 14 属 24 种，蜥蜴目 8 科 34 属 117 种，蛇目 8 科 53 属 173 种。而后在 *Herpetology of China*（Zhao & Adler，1993）一书中列举出我国的爬行动物有 388 种，其中鳄目 1 种、龟鳖目 34 种、蜥蜴目 152 种、蛇目 201 种。之后在 1998~1999 年出版的《中国动物志　爬行纲　第一卷（总论、龟鳖目、鳄形目）》（张孟闻等，1998）、《中国动物志　爬行纲　第二卷（有鳞目：蜥蜴亚目）》（赵尔宓等，1998）及《中国动物志　爬行纲　第二卷（有鳞目：蛇亚目）》（赵尔宓等，1999）中对我国爬行纲动物进行了更为系统的探究和整理归纳，整理出鳄形目 2 科 3 属 3 种，龟鳖目 6 科 21 属 37 种，将蜥蜴目与蛇目分别合并到有鳞目（Squamata）里的蛇亚目（Serpentes）和蜥蜴亚目（Lacertilia），其中蛇亚目 8 科 64 属 203 种，而蜥蜴亚目 9 科 39 属 156 种。此后又分别对龟鳖目和蛇亚目的动物继续进行整理和总结，截至 2013 年以来结合并归纳我国后续发现的新种，形成了《中国生物多样性红色名录·爬行动物红色名录》（以下简称《红色名录》）。继而在《红色名录》的基础上于 2019 年年底确定我国爬行纲动物共有 3 目 35 科 135 属 511 种，其中鳄形目 1 科 1 属 1 种，龟鳖目 6 科 18 属 34 种，有鳞目 476 种（其中蛇亚目 18 科 73 属 265 种、蜥蜴亚目 10 科 43 属 211 种）。

（二）中国两栖爬行类群与分布

1. 两栖纲

现生两栖动物共 3 目 44 科 446 属，全世界共有 7 579 种。我国共记载现存的两栖动物有 3 目 13 科 86 属 454 种和亚种（近几年，根据分子系统学研究，增加了亚洲角蛙科）。其分布主要见于秦岭以南，西南、华南山区的属、种较为丰富，西北、华北、东北、内蒙古及新疆地区种类很少。

（1）蚓螈目（Gymnophiona） 该目动物的主要特征是没有四肢，身体呈现长圆柱形，似蚯蚓，体表光滑，富有腺体。眼退化，耳无鼓膜。常在阴暗潮湿的地下穴居生活，捕食昆虫、蚯蚓甚至是小型蛇类。我国只有 1 科 1 属 1 种，即鱼螈科，鱼螈属，版纳鱼螈。在 2021 年 2 月 1 日最新修订的《国家重点保护野生动物名录》中，版纳鱼螈被列为国家二级重点保护野生动物（图 2–28）。

图 2–28　版纳鱼螈

（2）有尾目（Urodela）

1）小鲵科（Hynobiidae），成体全长一般在 200 毫米以内，最大不会超过 300 毫米，皮肤光滑、没有疣粒，躯干呈圆柱状，身体侧面有明显的肋沟，卵胶囊呈弧形，产卵数量为 200~300 粒。本科在我国已知分布有 8 属 32 种，仅分布于亚洲。其中小鲵属有 11 种，主要分布在我国东部；极北鲵属 2 种，分布在我国辽宁、吉林、黑龙江、内蒙古、河南；爪鲵属我国仅有 2 种，分布在我国东北；肥鲵属 1 种，分布在河南、安徽、湖北一带；原鲵属 1 种，在我国仅分布于四川；拟小鲵属 6 种，分布于我国湖北、湖南、贵州、重庆、四川、陕西、河南；北鲵属我国有 2 种，分布于我国西部；山溪鲵属有 7 种，分布于我国西部。此外，几乎所有小鲵科的物种都被列入《国家重点保护野生动物名录》，其中国家一级重点保护野生动物种类有 6 种，而国家二级重点保护野生动物种类有 23 种。

2）隐鳃鲵科（Cryptobranchidae），体大，成体全长一般在 200 毫米以上，头宽大而扁，产卵数较多，大多在 300 粒以上。我国已知仅 1 属 2 种，即大鲵属的大鲵和华南大鲵，其中大鲵在我国河北、河南、山西、陕西、甘肃、青海、四川、重庆、云南、贵州、安徽、湖北、湖南、江西等均有分布。而华南大鲵目前仅研究推测其分布于珠江流域，具体准确的分布范围需进一步研究。同时，大鲵在《国家重点保护野生动物名录》中一直是国家二级重点保护野生物种（图 2–29）。

图 2–29　大鲵

3）蝾螈科（Salamandridae），1986 年以前是蝾螈亚目，现最新分类已经将其分为一科。我国现存疣螈亚属［*Tylototriton*（*Tylototriton*）Anderson.1871］有 8 种，其中除了川南疣螈在四川有分布之外，其余 4 种均在我国云南有分布；而黔疣螈亚属［*Tylototriton*（*Qiantriton*）Fei and Ye,2012］里仅有 1 种，即贵州疣螈，是中国特有种，亦为国家二级重点保护野生动物。目前因栖息地环境每况愈下，种群数量日益减少。在我国云南省大关、彝良、永善，以及贵州少数地区有分布；瑶螈属（*Yaotriton* Dubois and Raffaelli,2009）在我国最新有 7 种，在我国广西、广东、湖北、湖南、河南、安徽、海南、甘肃、四川、贵州、云南等地的少部分区域有分布，以上 7 种瑶螈属的物种全部列为国家二级重点保护野生动物；棘螈属（*Echinotriton* Nussbaum and Brodie,1982），在我国主要集中分布于浙江、广东、江西和福建，以及台湾省的台北市。棘螈属在我国有 3 种分布，其中的镇海棘螈（原名：镇海疣螈）在最新公布的 2021 年《国家重点保护野生动物名录》中升级为国家一级重点保护野生动物，其余 2 种保持不变，仍为国家二级重点保护野生动物；凉螈属（*Liangshantriton* Fei, Ye and Jiang, 2012），有 1 种，即大凉螈，我国仅在四川部分地区有发现记录，为中国特有种；肥螈属（*Pachytriton* Boulenger,1878），属于终生水栖为主的物种，在我国有 10 种分布，全部为中国特有种，因其部分成员受到宠物贸易的影响，种群数量逐年减少，仅分布于我国南方；瘰螈属（*Paramesotriton* Chang,1935），在我国分布于南方，非繁殖期多水栖，在我国最新记录至少 16 种，均为 2021 年新增国家二级重点保护野生动物；蝾螈属（*Cynops* Tschudi,1838），在我国分布至少有 8 种，分布于我国南方，大多为中国特有种，多数处于濒危或易危状态；滇螈属（*Hypselotriton* Wolterstorff,1934）仅 1 种，即滇螈，分布于我国云南，为中国特有种，由于栖息地环境恶化，该物种在 20 世纪 70 年代后已无踪迹，现濒危等级为灭绝。

（3）无尾目

1）铃蟾科（Bombinatoridae），仅有铃蟾属（*Bombina* Oken，1816），铃蟾属的特征明显，无鼓膜，一般趾间无蹼，有蹠间蹼，其背面较为粗糙，有突起疣粒，皮肤腺发达，腹面有鲜艳橘红色或橙黄色斑。在我国已知有 5 种，除东方铃蟾和微蹼铃蟾外，其余 3 种均为中国特有种。大部分在我国南方少数区域零星分布且处于易危状态，只有在四川、云南、贵州广泛分布的大蹼铃蟾和在我国北方寒冷地区分布的东方铃蟾 2 种处于无危状态。

2）角蟾科（Megophryidae），特征是吻多突出于下颌，呈盾形，是原始的无尾两栖类中分化最多的科，至少有 151 种。齿蟾属下已知 18 种，均分布于我国，其中凉北齿蟾被列为 2021 年新增的国家二级重点保护野生动物；齿突蟾属在我国有 18 种分布，当中多为中国特有种，有 5 种新增为国家二级重点保护野生动物；拟髭蟾属在我国有 7 种分布，其中的沙巴拟髭蟾在我国是次要分布区，并且种类稀少，其余种类多为中国特有种，分布地涉及云南、海南、广西、墨脱等地；髭蟾属（*Vibrissaphora*）在我国有 6 种分布，多为中国特有种，其中原髭蟾为新增国家二级重点保护野生动物；掌突角蟾（*Leptobrachella*），结合多基因片段的分子系统学分析之后，将掌突角蟾由原来的 *Leptolalax*，变更为命名较早的 *Leptobrachella*，目前该属在我国分布至少有 22 种；刘角蟾属（*Liuophtys*）有 3 种，多分布于云南和广西两地，其中莽山刘角蟾为中国特有种，在湖南、广东、广西、江西有分布；布角蟾属在我国至少有 29 种，其中多数为中国特有种，仅在我国单一省市有分布记录；角蟾属（*Megophrys*）由原先的无耳蟾属（*Atympanophrys*）、短腿蟾属（*Brachytarsophrys*）、拟角蟾属（*Ophryophryne*）、异角蟾属（*Xenophrys*）合并。

3）蟾蜍科（Bufonidae），在我国有 7 个属，分别为蟾蜍属、头棱蟾属、琼蟾属、花蟾属、漠蟾属、溪蟾属及小蟾属，共 23 种之多。其中蟾蜍属的史氏蟾蜍、小蟾属的鳞皮小蟾、琼蟾属的乐东蟾蜍、溪蟾属的无棘溪蟾为 2021 年新增的国家二级重点保护野生动物。

4）雨蛙科（Hylidae），是由亚热带地区向我国少数渗入的种类，成体颜色大多绿色到浅绿色不等，该科仅有雨蛙属 1 属 8 种，在我国分布区域较广泛，大多无危。

5）蛙科（Ranidae），是无尾目中分类数量最多的一科。林蛙属，加上最新增加的记录至少有 19 种，在我国大部分地区都有分布；侧褶蛙属，在我国有 6 种，其中金线侧褶蛙、福建侧褶蛙及黑斜线侧褶蛙为中国特有种，而黑斑侧褶蛙在我国东部大部分地区均有分布，属于近危；腺蛙属仅小腺蛙一种，为 2021 年新增的国家二级重点保护野生动物；陆蛙属，其中的南亚陆蛙属是最新的变更，原来广义的陆蛙属保持不变，与此同时，根据以基因片段为基础的分子系统学研究，将清迈陆蛙变更到南亚陆蛙属中，同时该属是我国发现的新纪录；粗皮蛙属，我国有 2 种分布，即东北粗皮蛙在我国东北地区有分布，天台粗皮蛙在安徽大部分地区有分布；胫腺蛙属只有 1 种，即胫腺蛙，是我国特有种，在四川和云南有分布；琴蛙属，将滇蛙属合并入其下，目前在我国有 9 种分布；趾沟蛙属我国有 3 种，均在我国南方很少部分区域分布，均为濒危或易危；沼蛙属仅 1 种，沼蛙，在我国南方部分地区均有分布，种群数量较多；纤蛙属有 2 种，我国南部有分布，均为易危（图 2–30）；肱腺蛙属在我国有 8 种记录，多数为中国特有种，仅茅索肱腺蛙和肘肱腺蛙在我国为次要分布区域，我国发现的种群数量很少；竹叶蛙属在我国有 4 种分布，其中 3 种为中国特有种且种群数量不多；臭蛙属种类数量很多，至少有 30 种在我国有分布，其中务川臭蛙为 2021 年新增的国家二级重点保护野生动物；拟湍蛙属在我国仅有 2 种，即多齿拟湍蛙和台湾拟湍蛙，均为中国特有种，分布于我国台湾省；湍蛙属在我国至少有 32 种，大多分布在南方。其中海南湍蛙和香港湍蛙为 2021 年新增国家二级重点保护野生动物。

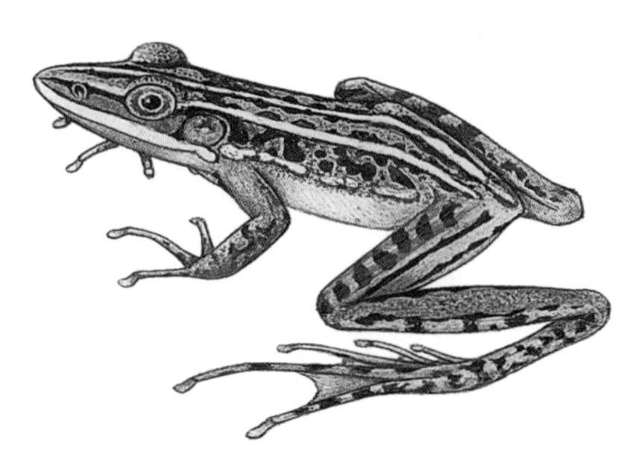
图 2–30　长趾纤蛙

6）叉舌蛙科（Dicroglossinae），在我国有 11 属至少 43 种分布。其中海陆蛙在我国仅见于海边红树林，种群数量较少。属于易危级别。在我国仅见于台湾省、澳门、海南、广西；大头蛙属内除版纳大头蛙之外，其余 3 种为中国特有种。

7）浮蛙科（Occidozygidae），有 5 属 7 种在我国分布，其中北英格蛙、高山舌突蛙、墨脱舌突蛙、刘氏泰诺蛙和西藏舌突蛙为中国特有种且易危。

8）树蛙科（Rhacophoridae），在我国有 14 属 91 种。由于经过线粒体片段的分子系统学结果研究，同时结合形态学的差异，命名了 1 新属，即棱鼻树蛙属，该属内已知有 3 种，其中 2 种分布于我国的云南和西藏南部。此外，原来的树蛙属被拆分为 3 个属，即原来的树蛙属保留 7 种，其余 28 种均变更为张树蛙属。其中巫溪树蛙、老山树蛙、罗默刘树蛙、洪佛树蛙为 2021 年新增国家二级重点保护野生动物。

9）姬蛙科（Microhylidae），共 5 属 20 种在我国有分布记录，小狭口蛙属 1 种，在我国四川南部和贵州西部有分布；细狭口蛙属 2 种，在我国云南、广东、海南、广西和香港有分布；狭口蛙属有 5 种；姬蛙属有 9 种；小姬蛙属有 3 种；在我国大部分地区均有分布，多为无危（图 2–31）。

图 2–31　合征姬蛙

10）亚洲角蛙科（Ceratobatrachidae），属于我国在 2015~2019 年根据多基因片段相关的分子系统学研究得出的最新记录，研究结果表明，舌突蛙属包含于亚洲角蛙科内，因此由原来的浮蛙科变更到亚洲角蛙科，该科目前仅舌突蛙属 1 属 4 种，分布于我国西藏南部。

2. 爬行纲

（1）鳄形目（Crocodylia） 该目是爬行类动物中现存最高等的一个类群，心室分两室，留有一孔相通，气、血液循环已经接近完善的双循环了。其中我国的扬子鳄（*Alligator sinensis*）和美洲的密河鳄是鳄类过去在北方分布的唯一孑遗，而扬子鳄是我国鳄形目唯一的一个种类，也是现今世界上最小的一种鳄鱼种类，在扬子鳄身上还能见到很多古老的爬行动物身上的特征，故被称为“活化石”，扬子鳄的存在对研究古生物和古地质学都有积极深远的作用。现为中国长江流域特有的爬行动物，有上亿年的进化史。在我国仅

分布于安徽省长江以南、皖南山系以北的丘陵等地带。近年来，我国科学家历经多年努力成功繁殖了大量个体，从而使濒临灭绝的扬子鳄得到了有效的繁殖和保护。该物种一直属于国家一级重点保护野生动物。

（2）龟鳖目（Testudines） 该目可水栖、陆栖或在海洋生活，是爬行纲中最为特化的一类。该目脊柱和肋骨与背甲愈合，无颞窝。其上下颌无齿，有角质鞘。其体背和腹面有坚硬的甲板，甲板外面被角质鳞片或厚皮。寿命较长，一般数十年，分布于温带与热带。截至 2019 年年底我国共记录现生龟鳖目 6 科 18 属 34 种。其详细情况如下：

1）平胸龟科（Platysternidae），本科仅 1 属 1 种即平胸龟，在我国长江以南各省份均有分布，主要生活于山区溪流中，喜爱夜间活动，可以靠利爪和长尾的帮助越过障碍物或能攀爬上树。平胸龟（*Platysternidae megacephalum*）于 2021 年被《国家重点保护野生动物名录》列为新增的国家二级重点保护野生动物。

2）陆龟科（Testudinidae），种类特征为头背前部被鳞，颅骨颞区有凹陷，并且龟壳坚硬，大多数种类背甲和腹甲在甲桥处以骨缝接合，唯独闭壳龟和摄龟是借助韧带相连接的。我国仅有 3 属 3 种，均为亚洲特有种。其中最具有代表性的四爪陆龟（*Testudo horsfieldi*），吻短，头顶有对称大鳞，背甲呈半球状且偏高，四肢圆柱状，4 爪，指、趾间无蹼，尾短，末端有一角质的爪状结节。栖息于我国新疆霍城沙漠地区，挖洞隐居，每年 4~7 月在白天外出活动，其余月份均在沙土洞穴中深居简出并处于蛰眠状态，有旱龟之称，并且一直以来均为国家一级重点保护野生动物。陆龟科中还有一种凹甲陆龟分布于我国海南、云南、湖南和广西，在 2021 年的《国家重点保护野生动物名录》中由原来的国家二级升级为国家一级，这也间接说明了其栖息地破碎化及环境污染对该物种的影响日益严峻。而另一种新增为国家二级重点保护野生动物，是在我国云南和广东有分布的缅甸陆龟（*Indotestudo elongata*），仅限野外种群。

3）地龟科（Geoemydidae），地龟科中的地龟为国家二级重点保护野生动物，而欧式摄龟、黑颈乌龟、乌龟、花龟、黄喉拟水龟、闭壳龟属所有种、眼斑水龟、四眼斑水龟在2021年的《国家重点保护野生动物名录》新增为国家二级重点保护野生动物。

4）海龟科（Cheloniidae），中国现存4属4种，分别占世界属、种的80%和66.7%，其中红海龟原名“蠵龟”，在2021年最新的《国家重点保护野生动物名录》中更名为“红海龟”，并且在我国分布的4种海龟（红海龟、绿海龟、玳瑁、太平洋丽龟）全部由原来的国家二级重点保护野生动物升级为国家一级重点保护野生动物。

5）棱皮龟科（Dermochelyidae），在我国仅有1科1属1种，即棱皮龟，现为国家一级重点保护野生动物。在我国南海到东海均有分布。

6）鳖科（Trionychide），在我国有4属7种分布，分别占世界属、种的28.6%和26.7%，这对于研究和保护淡水龟科及鳖科都具有十分重要的研究价值。其中斑鳖新增为国家一级重点保护野生动物，而鼋和山瑞鳖保持不变，分别为国家一级重点保护野生动物和国家二级重点保护野生动物（仅限野外种群）。

（3）有鳞目（Squamata） 有鳞目是水陆两栖，穴居及树栖生活的类群。它们特化的头骨具有双颞窝，它们体表满被角质鳞片，雄性具有成对的交配器官，几乎遍布全球，分为2个亚目，即蜥蜴亚目（Sauria）和蛇亚目（Serpentes）。

1）蜥蜴亚目（Sauria），蜥蜴亚目是爬行纲中种类最丰富的一个类群，它们中的多数四肢发达，趾、指5枚，末端具爪，适应于挖掘和爬行。适应生境有陆栖、树栖、半水栖或穴居种类。繁殖季节到来时雄蜥常以快速追逐的方式追求异性。截至2019年年底，我国共记录现生本土有鳞目蜥蜴亚目10科43属211种，其中代表科类有（图2-32）：

①壁虎科（Gekkonidae）。体被粒鳞，皮肤柔软，眼大、无活动眼睑，有

图 2-32　多线南蜥

攀爬能力，其指、趾末端具膨大的吸盘状趾垫，其上附着细丝以扩大与攀缘表面的接触面积，细丝顶端有分泌物，增加与平滑接触表面的附着力，在我国有 30 余种。其中的代表种类有：大壁虎（*Gekko gecko*），为国家二级重点保护野生动物，体被彩色分布的粒鳞，并有排列成行的大疣鳞。在我国南方的台湾、福建、云南、广西、广东等省份均有分布，因其发出叫声似“蛤——蚧”而得名蛤蚧，由于是传统中药材，因此种群数量日益减少。此外，分布于我国华南、西南地区的黑疣大壁虎（*Gekko reevesii*）被新增为国家二级重点保护野生动物。

②鬣蜥科（Agamidae）。多为中小型蜥蜴，体被鳞覆瓦状排列，常有带棱或鬣鳞。尾长，无自残能力。在我国有 40 多种，其常见种类有斑飞蜥（*Draco maculatus*），身体两侧有能够张开的皮膜，由 5 条延长的肋骨所支撑，能够滑翔于树枝之间，以捕食昆虫为食。咽喉部位有鲜艳的黄色喉囊，行动极其敏捷，常成对一起。在我国的广东、广西、海南和云南有分布。喜山鬣蜥（*Agama himalayana*）体长约 30 厘米，背面灰棕色，自首至尾有灰白色横纹及纵列圆斑。在我国分布于新疆和西藏，生活在 1 400 米以上的山间岩石缝中，

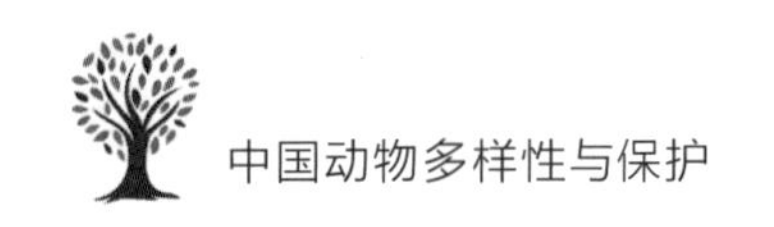

也会树下穴居，白天上树吃虫。草原沙蜥（*Phrynocephalus frontalis*），主要的特征是头型似蟾，上、下睑鳞边缘锯齿形，闭眼时可阻止沙石伤害眼睛。分布于我国河北、内蒙古、甘肃、陕西、宁夏和北京。

③石龙子科（Scincidae）。该科特征为体表鳞圆而光滑，角质鳞下有真皮性骨板。有自残功能，该科在我国有31种左右，其中代表种类有蓝尾石龙子（*Eumeces elegans*），体型纤瘦，四肢较短，体表鳞圆光滑，背面深黑色，有5条黄色纵纹直到尾部，最显著的是尾后半部为蓝色。栖息于我国长江以南各省低山山林石块下。

④蜥蜴科（Lacertidae）。四肢发达，有股窝或鼠蹊窝，尾长易断，也能再生。生活于荒漠、草原和平原地带。我国有20种，其代表种类有：北草蜥（*Takydromus septentrionalis*），身体和尾均细长，头长吻尖，鼓膜外露。分布于我国东部和西南各省份。丽斑麻蜥（*Eremias argus*），体较短粗，四肢短小，尾长与头体相等。常在灌木丛或杂草堆周围的沙地上捕食昆虫。分布于我国华北、西北（不含新疆和青海）和东北各省。

⑤蛇蜥科（Anguidae）。体型似蛇形，后肢骨有残余。全身被覆瓦状圆鳞，尾长易断，也可再生。我国产3种，即细脆蛇蜥、海南脆蛇蜥、脆蛇蜥（亦为我国最常见的蛇蜥科种类），以上3种全部被2021年《国家重点保护野生动物名录》列为新增的国家二级重点保护野生动物。在我国长江以南各省均有分布。

⑥鳄蜥科（Shinisuridae）。该科特征为体型似鳄，身体躯干粗壮，四肢发达，其指、趾末端有弯曲的利爪。本科仅1种，产于我国广西瑶山的鳄蜥（*Shinisaurus crocodilurus*），该种类是我国极其珍贵的爬行动物，一直为国家一级重点保护野生动物。

⑦巨蜥科（Varanidae）。该科外形特征是体型巨大，也是有鳞目蜥蜴亚目当中体型最大的类群。躯干四肢均非常粗壮，尾长而扁。我国的代表种类为圆鼻巨蜥（*Varanus salvator*），一般在水域附近活动，既能陆栖又善于在

水中游泳，也可攀爬上树觅食。属于肉食性动物，在我国分布于广西、广东、云南和海南等地。此外，该科内新增了一种国家一级重点保护野生动物，即孟加拉巨蜥。

2）蛇亚目（Serpentes），蛇亚目是蜥蜴亚目在进化过程中的一个高度特化的分支，在进化关系上与蜥蜴的亲缘关系比较接近，所有蜥蜴亚目动物某些种类的很多特征同样见于蛇亚目，例如蛇蜥科的种类没有四肢，极像蛇形；以及巨蜥科的舌尖分叉与蛇一样等。经由最新的数据统计，截至2019年年底我国现生鳞蛇亚目18科73属265种，其中代表种类如下科（图2-33、图2-34）：

图2-33　金花蛇

图2-34　福建竹叶青蛇

① 游蛇科（Colubridae）。本科是蛇亚目种类最丰富的类群，现存蛇类的一多半都在这一科。其特征是：头顶有对称的大鳞，腹鳞宽大；两颌都有牙齿，卵生或卵胎生。分布几乎遍布全球，我国产140多种，其中常见种类有：黄脊游蛇，体长0.5米，背面褐绿色，从头部至脊梁到尾部有一条明显的黄色纵带。它是黄河以北的优势蛇种。赤链蛇（*Dinodom rufozonatum*）为常见的无毒蛇。以蛙、蜥蜴、蟾蜍、小鸟、小鼠为食，在我国长江以南和东北，以及华北各地分布。乌梢蛇（*Zoacys dhumnades*）又名乌蛇。最大体长可达2米以上，生活于丘陵和田野间，以蛙、鱼和蜥蜴为食。分布于长江

以南地区。

②蟒科（Pythonidae）。主要以恒温动物为食，大多数种类发展了与其食性相适应的热能感受器。我国南方分布的蟒蛇（*Python bivittatus*）为本科代表物种，同时已由原来的国家一级重点保护野生动物降级为国家二级重点保护野生动物。

③盲蛇科（Typhlopidae）。其中包含了一些类似蚯蚓的小型无毒蛇类，由于营穴居生活，在长期进化过程中眼睛退化，隐藏于鳞片之下，故称盲蛇，本科为较为原始的蛇类，我国有 3 种，最为常见的钩盲蛇（*Ramphotyphlops braminus*）是我国最小的蛇类，体长约 15 厘米，在我国长江以南各省均有分布。其中香港盲蛇（*Indotyphlops lazelli*）是该科中在 2021 年新增的国家二级重点保护野生动物。

④海蛇科（Hydrophiidae）。本科特点是终生生活于海洋中的前沟牙类毒蛇。以鱼类为食，我国沿海有 16 种，主要分布在我国黄海、东海和南海沿海。

⑤眼镜蛇科（Elapidae）。其上颌骨前部有一对较大的前沟牙，其后面有几颗预备毒牙，在外形上与大多无毒蛇无法区分，而本科毒蛇主要作用于动物的神经系统，称神经毒类。全世界的毒蛇有一半左右的种类隶属于本科，我国有 9 种，均分布于长江以南地区。常见种类有眼镜蛇，全长 1 米多，背部黑褐色，有狭窄的黄白色横斑，愤怒时舌体能昂首直立做攻击状，其膨大之后的颈部将白色斑纹呈现出眼镜状，故名。栖息于山地森林和平原，在我国华南各省有分布，是凶猛毒蛇之一，与之近似的还有眼镜王蛇，该种 2021 年被新增为国家二级重点保护野生动物。值得一提的是，该科 2021 年有 17 种新增为国家二级重点保护野生动物。

⑥蝰科（Viperidae）。该科的特征是张嘴时上颌骨和管牙都能一起竖立起来。该科全部为毒蛇，其蛇毒为血循环毒类，主要作用于心血管系统及血液。我国常见的蝰科蛇类有：蝮蛇，头呈三角形，背鳞具棱。背部颜色为黑褐色到土红色，以脊椎动物为食，几乎遍布全国。烙铁头，全长 1 米

左右，背面青绿色，杂有黄色、红色及黑色斑点，栖息于海拔 1 700~3 100 米的山区杂草中，属于剧毒蛇。该科在 2021 年《国家重点保护野生动物名录》中新增 1 种国家一级重点保护野生动物，即莽山烙铁头（*Protobothrops mangshanensis*）；另外，国家二级重点保护野生动物则新增了 5 种。

（三）中国两栖爬行动物的保护

我国幅员辽阔，山形地貌绵延千里，在中国有着世界上最高的山，有着最广阔的河谷平原，有温热潮湿的热带雨林，有风沙走石的大漠景观，正是复杂多变的生境孕育了丰富多样的生物。但由于人类活动的影响，全球两栖爬行类动物种群的衰退现象极为明显，从而越来越多地受到社会各界的关注。目前，我国两栖爬行类动物的生存情况都不容乐观，不少都处于受威胁状态，从而导致个别类群的分类研究难以进展，尤其是龟鳖的分类研究正面临重重困境，就两栖纲动物种的龟鳖目来说，全部的龟鳖目动物都有着自身独特的科学研究意义。我国著名的龟鳖学专家、中国科学院教授叶祥奎先生曾说：“我国应该是研究龟科动物起源和进化的主要地区。”就平胸龟和棱皮龟这类单科单属单种的物种来说，它们身上具有与众不同的重要特征，对研究龟鳖目的起源有着重要意义，在 2007 年前后，华南生物多样性研究团队到过广西、海南及广东大部分最好的山林环境中，却只发现了 3 种 7 只龟，数量实在少得可怜。要知道海南省是我国生物多样性保护的关键地区之一，归根结底由于连年对水龟类过度捕猎，以及栖息地环境的破坏导致当地物种稀少，而两栖动物的生存受环境影响很大，环境好，物种自然丰富，环境每况愈下，两栖动物也日益减少，很多两栖动物是检验当地水质乃至整个生态环境的指示性物种。2016 年江建平、谢锋等发布的“中国两栖动物受威胁现状评估”中说到，中国两栖动物中的滇池蝾螈已经区域性灭绝 1 种，即琉球棘螈在我国台湾省地区灭绝，但在国外的琉球群岛的冲绳、阿美诸多岛屿仍存在。此外，受威胁的种类多达 176 种（包括极危 13 种、濒危 46 种及易危 117 种）。

被评估为极危的13种，分散于我国中部和南部。其中包含有尾目的挂榜山小鲵、安吉小鲵、金佛拟小鲵、普雄原鲵、辽宁爪鲵、新疆北鲵、镇海棘螈、呈贡蝾螈；无尾目有4种极危，即花齿突蟾、凉北齿蟾、腹斑掌突蟾、小腺蛙。以上这些物种分布区非常狭窄，很多没有被任何的自然保护区覆盖，如果想要尽快改变极危物种的现状，需要更多栖息地调查和保护工作的开展。而爬行动物对于水源的依赖度较小，但对热量要求很高，因而爬行动物的丰富程度从南至北逐渐减少，大部分种类的分布北限是长江，其中龟鳖目和有鳞目的蜥蜴亚目除了四爪陆龟、中华鳖和乌龟外，其余均分布在我国南部。分布于我国北方的蛇亚目主要是游蛇科和蝰科，但论物种丰富度远不如南方。同两栖类动物一样，爬行类动物所面临的最大威胁的主因是人为捕捉，此外两栖爬行动物受威胁物种有明显的生境偏好，尤其在两栖动物中表现最为明显，其中有多数受威胁物种分布在林区和流水环境中，而森林物种受威胁程度高的最主要原因是其适应能力弱，我国森林的砍伐进度在1950~2000年增加了18倍，这就意味着天然林木在我国只剩30%。因此，近几年国家倡导的退耕还林还草工程，以及生态工程建设，如天然林保护工程的实施，明显缓解了生境丧失的退化趋势。与此同时，建设两栖动物和爬行动物多样性监测和研究信息系统，开发监测数据模拟及分析系统，评价保护成效，为制定生物多样性保护宏观战略提供支撑，才是未来有效保护两栖爬行类动物的方向。

四、中国鱼类动物多样性

（一）中国鱼类动物概述

鱼是终生生活在水中的变温（金枪鱼和少数鲨鱼例外）脊椎动物，通常用鳃呼吸，用鳍运动并维持躯体平衡，大多有鳞片和鳔。

在漫长的进化中，鱼类初始于距今3.2亿万年前古生代的泥盆纪时期，中生代的侏罗纪是鱼类的中兴时期，直到新生代的第四纪，鱼类迎来了全盛时期。当人类社会开始活跃之后，人们意识到鱼类不仅能够给人类带来优质蛋白等食物资源，在沿海地区还能成为人们生产和生活的重要产业。

国外最早的鱼类相关的记载可以追溯到公元前322年，古希腊著名思想家亚里士多德在他著作的《动物史》中记载了117种地中海鱼类。而中国的鱼类学研究在公元前2 000多年以前的古书中便有迹可循。春秋末期范蠡所著《养鱼经》则是我国最早的养鱼著作。秦汉时期的《吕氏春秋》中亦有名句“竭泽而渔，岂不获得，而明年无鱼”。《淮南子》“鱼不长尺不得取”。明朝时期，李时珍所著的《本草纲目》中更详细记录了数十种有鳞鱼类。在距今1.4亿年的中生代的侏罗纪和白垩纪为鱼类的中兴时代，所有现生的鱼类在这一时期已有很多代表种类，其中硬骨鱼类在白垩纪完成了从软骨硬鳞类到新鳍类的进化，进而硬骨鱼开始进入海洋。距今7 000万年到100万年的新生代时，鱼类在种属数量上为脊椎动物的第一大纲。

随着近10多年来我国分子生物学的发展，鱼类分类学研究有着逆风翻盘式进展，《我国鱼类资源的危机和保护》（张俊杰，鄢庆枇，2007）中指出：在我国，海洋和淡水中栖息着3 862种鱼类，占世界鱼类总数的20.3%。《中国海洋生物名录》（刘瑞玉，2008）指出中国有海水鱼类约3 200种。*FISHES OF THE WORLD*（Fourth Edition）（2006，Joseph S. Nelson）指出，世界现有脊椎动物约54 700种，其中鱼类约28 000种。以上国内外的数据统计记录，表明鱼类是脊椎动物中种属数量最多的一类，它占据脊椎动物一半以上的席位，这也彰显出鱼类在动物界中的重要地位。鱼类也是脊椎动物中最古老和最低级的一类。不仅如此，它们可以在众多的水生环境里栖居，内陆的湖泊、河流甚至是海洋都是鱼类的家园。

（二）中国鱼类类群与分布

鱼类分类学是最古老的一门学科，经过长时间的进化过程，以及科学发展的历程，现如今的鱼类分类已经不完全依靠外部形态特征了，更多运用一些鱼类生物学、生态学、生理学的最新研究成果，以及鱼类地理学、古鱼类学等的鱼类分支学科的研究。在早期对于鱼类的命名较为混乱，直到瑞典自然学者林奈发明了双名制命名法，鱼类亦开始使用统一的学名。1844 年由德国学者 Muller J 提出鱼纲，下分 6 个亚纲 14 目。这个分类系统就已经和现在的分类系统非常接近了。而后苏联学者贝尔格将现生和古代鱼类分为 12 纲 119 目（1940~1949 年），在此之后越来越多的学者在贝尔格的基础上将现生鱼类进行了更系统的分类，其中最为著名的是由拉斯和林德贝尔格做出的分类，他们将现生鱼类分为 2 纲 4 亚纲 13 总目 53 目（1971 年），该分类系统也被大多数科学家所公认，很多最新的分类研究都是在这个基础上进行的更新。而我国鱼类分类以 1987 年的《中国鱼类系统检索》作为依据展开，国产鱼类分 3 纲 43 目（1987 年），其中包括圆口纲：2 个目；软骨鱼纲：2 亚纲 13 目；硬骨鱼纲：28 目（图 2-35、图 2-36）。

图 2-35　草鱼

图 2-36　侧条光唇鱼

1. 圆口纲（Cyclostomata）

圆口类并非真正的鱼类，它是一种鱼形动物，之所以说并非真正的鱼类，是因为它没有上下颌，并且是圆球形的囊状鳃，无偶鳍，骨骼具软骨性，因为和鱼有较大的差异，所以说圆口动物并非真正的鱼类。圆口类动物有 2 个目：七鳃鳗目和盲鳗目，有无口须与眼睛的发达程度是它们之间最典型的特征。

1）七鳃鳗目（Petromyzoniformes），无口须，口呈漏斗状，鼻孔位于头背面。成体有发达的眼，幼体无发达的眼。成体拥有 7 个鳃裂和 1 对眼睛，很多书中将其称为八目鳗，其实是将眼睛误认为 1 个鳃裂了，其口腔呈吸盘状，有角质齿。七鳃鳗目现存有 1 科 3 亚科 6 属 40 余种。

我国所分布的七鳃鳗目的种类不多，仅有 1 属 3 种。均分布在我国北方比较冷的水域中。

①雷士七鳃鳗（*Lampetra reissneri*）。2 个背鳍连续，分布在北方较冷的水域中。

②东北七鳃鳗（*L.morii*）。2 个背鳍分离，下唇板齿 9~10 颗。分布在北方较冷的水域中。

③日本七鳃鳗（*L.japonica*）。2 个背鳍分离，下唇板齿 6~7 颗，生活在海洋中，具有洄游习性。每年 12 月左右会回到北方淡水河流中繁殖，产卵后亲鱼死亡，其后代长大后再回到大海中。

2）盲鳗目（*Myxiniformes*），眼睛萎缩，具口须，口不呈漏斗状，眼埋于皮下，鼻孔位于吻端。盲鳗的幼体时间特别长，有时甚至要达到 5 年之久，在如此之长的生命周期中，它们幼体的眼睛是不发达的，栖息于水域底层靠滤食水底层的腐殖质为生。成体之后，眼睛才会发达，但开始也要吸附寄主生物来生活。盲鳗科在形态上和生态上都有较大差异，盲鳗都是海水种类。而且生活在盐度较高的水域中。盲鳗是营寄生生活的种类，一般来说以水体中其他鱼类为袭击对象，并进入对方体内以内脏和肌肉为食。

目前世界现存有盲鳗科 1 科 2 亚科（盲鳗亚科和粘盲鳗亚科），6 属 30 多种。中国有粘盲鳗亚科，粘盲鳗属（*Epiatretus*）和副盲鳗属（*Paramyxine*），2 属 5 种。

①粘盲鳗属（*Epiatretus*）。有鳃囊 6~14 对，各处鳃管等长，外鳃孔等距

离排列，我国有以下 2 种的分布记录。

浦氏粘盲鳗（*Eptatretus burgeri*），外鳃孔 6 对，体黄褐色，分布在东海、黄海。

深海粘盲鳗（*Eptatretus okiniseanus*），外鳃孔 8 对，体紫黑色，分布于南海北部。

②副盲鳗属（*Paramyxine*）。鳃囊有 6 对，各处鳃管不等长，外鳃孔排列不规则，形似 2 列，我国仅台湾地区有 3 种记录，大陆无记录。

其中的代表种类：杨氏副盲鳗(*Paramyxine yangi*)，外鳃孔排列不规则，形似 2 列。

2. 软骨鱼纲（Chondrichthyes）

软骨鱼类最典型的特征是内骨骼软骨性；体被盾鳞或棘刺或光滑无鳞，多歪形尾；鳃裂 5~7 对，各自开口于体外；肠内具螺旋瓣，多有泄殖腔；雄鱼有交配器，在体内受精，卵大而少，卵生、卵胎生或胎生。分为板鳃亚纲（Elasmobranchii）（鲨鱼、鳐鱼）和全头亚纲（Holocephaii）。现生软骨鱼的数量比较少，但是它的分布是很广泛的，世界各个大洋中从比较表层的水域到深层的水域都有软骨鱼的分布，在我国的软骨鱼也有典型的区域性分布，有些种类完全是北方种类，基本不在东海南部和南海，北方分布的软骨鱼类为我国现生软骨鱼类的 20% 左右。我国北方分布的软骨鱼类种类较少，但是产量比较高。而南方由于气候适宜，水温较高，软骨鱼的种类也比较丰富。

（1）板鳃亚纲 鳃孔有 5~6 个，无膜状鳃盖，上颌与头颅的悬系方式多为舌接式或真舌接式，雄鱼无腹前鳍脚和额上鳍脚。

1）侧孔总目（Pleurotremata），身体多纺锤形，鳃孔和眼位于头两侧，胸鳍前缘多不扩大，多有臀鳍。包括所有的鲨类。在《中国鱼类系统检索》中记载我国现有鲨鱼可分为 8 目 18 科 49 属 90 余种。

①六鳃鲨目（Hexanchiformes）。鳃裂 6~7 个；背鳍 1 个，有臀鳍，吻软骨 1 条，颌为双接式。我国有 1 科 3 属 4 种。代表种：扁头哈那鲨。

②虎鲨目（Heterodontiformes）。属于很古老的一类鲨鱼，鳃裂 5 个，背

鳍 2 个，体前部粗壮，头高厚，无吻软骨，有鼻口沟，2 个背鳍前方均具有鳍棘，上、下颌内前后牙齿形状不一样，此外，虎鲨野外繁殖期长，将近 1 年多产 1 次卵，每次产卵 1~2 枚，产卵量极低，卵被卵鞘包裹。我国有 1 科 1 属 2 种。

a. 狭纹虎鲨（*Heterodontus zebra*），分布于我国东海和南海。

b. 宽纹虎鲨（*Heterodontus japonicus*），分布于我国东海和黄海。

③鲭鲨目（Isuriformes）。鳃裂 5 个，背鳍 2 个，背鳍前无硬棘，具臀鳍，眼睛没有瞬膜、瞬褶，无鼻口沟。我国有 4 科 5 属 8 种，分属 4 亚目。代表种：姥鲨。

a. 鲭鲨亚目（Isurioidei）。仅有鲭鲨科 1 科，口大，鳃裂中大，牙齿尖锐，三角形或锥形，有 2 个背鳍，第二背鳍很小，尾鳍叉形，尾柄具侧突，尾基上、下方各具一凹洼［旧分类为：鼠鲨科（Lamnidae）］，其中代表种类为噬人鲨，也是 2021 年新增的国家二级重点保护野生动物。我国有 2 属 2 种。在我国沿海均有分布。

b. 姥鲨亚目（Cetorhinoidei）。代表种类，姥鲨，为大型鲨鱼，鳃裂极大，可以延伸至背侧，鳃耙细密，口大，牙齿细小而多。和噬人鲨相反，它们性情温和，以浮游生物为食，卵胎生。在我国沿海均有分布，列入《濒危野生动植物种国际贸易公约》保护动物名录，也是 2021 年新增的国家重点保护野生动物。

c. 长尾鲨亚目（Alopiodei）。长尾鲨科（Alopiidae）（1 科），尾上叶长度超过鱼体全长之半。该科仅长尾鲨属 1 属，我国有 3 种，较为罕见，但仍分布较广，在我国东海、黄海、南海均有记录。

d. 锥齿鲨亚目（Carcharioidei）。我国仅 1 科 1 属，即锥齿鲨科（Carchariidae），锥齿鲨属。其特征是尾柄没有侧嵴，上方有一凹陷，牙大呈锥状，性情凶猛。我国仅有 2 种，即沙锥齿鲨，分布于我国南海；另一种是欧氏锥齿鲨，分布于黄海和东海。

④须鲨目（Orectolobiformes）。鳃裂 5 个，背鳍 2 个，背鳍前无硬棘，具臀鳍，有鼻口沟常具有鼻须或喉须，眼无瞬膜或瞬褶；我国有 2 亚目 3 科

8属12种。

代表种：条纹斑竹鲨（*Chiloscyllium plagiosuin*）。

a. 须鲨亚目（Orectoloboidei）。分为须鲨科和橙黄鲨科，须鲨科多为小型鲨鱼，体长1米左右，本科在我国约5属10种；橙黄鲨科，一般体细长，为小型鲨鱼，我国仅橙黄鲨1种，我国南海有分布。

b. 鲸鲨亚目（Rhincodontoidei）。个体较大，现生有记录的体长可达20多米，重5吨多。性情温柔。在我国沿海均有鲸鲨分布。出水孔的开口在口内，卵胎生。我国代表种类为鲸鲨，也是最大的现生鱼类，现为国家二级重点保护野生动物。

⑤真鲨目（Carcharhiniformes）。鳃裂5个，背鳍2个，眼睛有瞬膜或瞬褶。代表种：尖头斜齿鲨。我国有4亚目4科23属60余种。其中代表科为双髻鲨科，头部呈特殊的“T”字形是其关键的特征，该科在我国仅双髻鲨1属约5种，我国沿海均有分布，但数量不多。

⑥角鲨目（Squaliformes）。鳃裂5个，背鳍2个，无臀鳍；我国有3科7属9种。角鲨科（Squalidae）共有5个属，这其中角鲨属的代表种类为白斑角鲨（*Squalus acanthias* Linnaeus），特点是身体有白色斑点，在我国常见于东海和黄海，近海栖息，是一种冷水性的中小型鲨鱼，大多体长1米左右，大者可达2米，卵胎生。而另外两科铠鲨科（Dalatiidae）和棘鲨科（Echinorhinidae）在我国各有1属1种，分布于台湾省。

⑦锯鲨目（Pristiophoriformes）。体纺锤形，头平扁，无臀鳍，吻呈剑状突出，两侧具齿形结构，鼻前方具皮须1对。本目仅锯鲨科（Pristiophoridae）1科1属1种在我国分布，那就是日本锯鲨（*Pristiophorus japonicus* Gunther），该种为大型鲨鱼，体长一般可达4米左右，经济价值较高，但目前数量不多，主要分布在黄海、渤海，东海分布较少。

⑧扁鲨目（Squatiniformes）。该目特征是胸鳍扩展、体平扁，大多鳃裂在身体的体侧但部分转向腹面，眼睛在背位，口宽大。扁鲨多为冷水性近海底栖鱼类，体长1米左右。我国仅有扁鲨科（Squatinidae）1科扁鲨属（*Squatina*）1属2种，即日本扁鲨和星云扁鲨，其中日本扁鲨在我国沿海均有分布，而

星云扁鲨仅分布于海南。

2）下孔总目（Hypotremata），体扁平，鳃孔位于头腹面有 5 对，眼位于头背面，胸鳍扩大，前缘与体侧、头侧愈合，无臀鳍，尾鳍存在或者没有。包括魟类和鳐类。现存的下孔总目有 4 目 20 科 54 属约 430 种，我国有 4 目 17 科约 80 种。

①锯鳐目（Pristiformes）。代表种：尖齿锯鳐。胸鳍扩大，身体扁平，鳃孔位于腹位，头亦平扁，吻呈剑状突出，具吻齿。我国仅有锯鳐科 1 科锯鳐属（*Pristis*）1 属 2 种。即尖齿锯鳐、小齿锯鳐。

②鳐形目（Rajiformes）。主要特征是尾柄粗大、无尾刺，无发电器官。鳐形目中有 2 亚目，6 科在我国分布。

a. 犁头鳐亚目（Rhinobatoidei），腹鳍正常，前部不分化为足趾状，尾柄粗大，尾鳍发达。在我国分布有 4 个科，分别为圆犁头鳐科（Rhinidae），尖犁头鳐科（Rhynchobatidae），团扇鳐科（Platyrhinidae），梨头鳐科（Rhinobatidae）。多分布于我国南海和东海，其中一些在我国沿海均有分布。

b. 鳐亚目（Rajoidea），身体扁平，宽菱形，吻多少尖形，尾鳍不粗大，腹鳍前部分化为足趾或腿状，尾柄不粗大，尾鳍不发达。鳐亚目有 3 科，我国有 2 科，即鳐科和无鳍鳐科。而鳐科现存有 7 属，我国有鳐属和短鳐属 2 属。短鳐属仅短鳐一个种类，栖息于我国的南海。而鳐属为软骨鱼类中最大的属，约 100 种，广泛分布于世界各个海域，尤其以温带和寒带水域最为繁盛，我国分布有 10 多个种类，其中我国的北方代表种为孔鳐，分布于我国黄海、渤海和东海。南方代表种为何氏鳐，分布于我国南方，温水性种类，体长大多 40 厘米，常见于南海和东海。

③鲼形目（Myliobatiformes）。代表种：赤红，主要特征是胸鳍延伸至吻端，有的分化成吻鳍或头鳍，背鳍有一个或没有，尾一般细长如鞭，腹鳍前部不分化为趾状。我国有 4 亚目 8 科。

a. 魟亚目（Dasyatoidei），体盘圆形、卵圆形或斜方形，胸鳍不分化，尾一般细长如鞭。该亚目现有 5 科 13 属约 108 种，我国有 4 科 8 属约 27 种，其中魟科大多分布于我国南海、东海，少数种类也见于黄海、渤海和台湾海峡。而燕魟科在我国沿海均有分布。值得一提的是，该亚目中的魟科（Dasyatidae）魟属内有一种类：黄魟（*Dasyatis bennettii*），在2021年国务院批准公布的《国家重点保护野生动物名录》中，黄魟作为新增的国家二级重点保护野生动物被列入其中，说明该物种的日渐减少已经开始引起人们的关注。

b. 鲼亚目（Myliobatoidei）。该亚目特征为胸鳍前部分化成吻鳍，位于吻端下方，单叶状。我国有2科。即鲼科和鹞鲼科。鲼科在世界上有3属21种，我国有2属5种，即鲼属，在我国仅有鸢鲼1种，分布于台湾海峡、黄海、渤海和东海。另一无刺鲼属主要分布于我国南海和东海南部。

c. 牛鼻鲼亚目（Rhinopteroidei）。吻鳍分化为2瓣，在水底摄食，利用宽大的胸鳍产生的有力运动，将水底物体翻腾起来取食。在我国本亚目仅牛鼻鲼科1科，牛鼻鲼属1属，2种：牛鼻鲼，分布于南海；爪洼牛鼻鲼，分布于东海和台湾省。

d. 蝠鲼亚目（Mobuloidei）。特征为胸鳍分化为头鳍，位于头两侧，尾细长如鞭。性情温驯，以浮游生物和小型集群鱼类为食。我国有1科2属3种。其中以日本蝠鲼较为常见，分布于我国南海、东海、台湾海峡。

④电鳐目（Torpediniformes）。主要特征为身体扁平，头侧与胸鳍间具有大型发电器官，具有背鳍和尾鳍，尾粗大。该目在我国有2科4属约10种。其中电鳐科在我国有3属6种，大多分布于我国南海和台湾海峡，代表种：黑斑双鳍电鳐。单鳍电鳐科在我国有2属2种，我国沿海地区均有分布。

（2）全头亚纲（Chondrichthyes） 内骨骼为软骨，体表多光滑无鳞，上颌骨与脑颅愈合，体延长，具膜质鳃盖。背鳍2个，第一背鳍具一硬棘，雄鱼除鳍脚外还有腹前鳍脚和额鳍脚。现存银鲛目（Chimaeroidei），1目3科。我国有2科，分别为长吻银鲛科、银鲛科，主要分布在黄海、东海，偶见南海深处。

3. 硬骨鱼纲（Osteichthyes）

其主要特征是其内骨骼或多或少骨化，体被骨鳞、硬鳞或无鳞。具鳃盖，多正型尾，雄鱼无鳍脚，多有鳔，多无动脉圆椎、螺旋瓣和泄殖腔。

（1）内鼻孔亚纲（Choanichthyes） 内鼻孔亚纲也称肉鳍亚纲，有内鼻孔，偶鳍具多节的中轴骨骼，基部呈肉质叶状，颌自接式。其下又分为总鳍总目和肺鱼总目。

1）总鳍总目（Crossopterygiomorpha），总鳍总目是非常原始的鱼类，出现在泥盆纪，石炭纪基本就消失了，现仅存腔棘鱼目1目，矛尾鱼科1科，矛尾鱼1种。矛尾鱼身体修长而侧扁，全身蓝色，眼大，口裂大，有锋利的牙齿，喉板1对。它是大约8亿5千万年前在海洋中繁殖而继续生存下来的海洋总鳍类的残留种，拥有肉质鳍是其最大的特征，可以遥想它的祖先就是利用这种鳍拖着身体在陆地上从一个水域行进到另一个水域的。身体有双尾鳍式的三叶尾鳍，其余的第二背鳍、胸鳍、腹鳍和臀鳍叶状，上半部肉质厚，身披粗大圆鳞，属于卵胎生。现存的矛尾鱼亦称拉蒂迈鱼，拉蒂迈鱼是20世纪最为戏剧性的科学发现之一，1938年12月23日由一位博物馆官员马乔里·拉蒂迈在南非见到，由此绘画下来其形态邮寄给鱼类科学家，经由科学家鉴定之后发现该鱼类和已灭绝的空棘鱼类化石长得一模一样，为纪念拉蒂迈的贡献，这条鱼被命名为拉蒂迈鱼；要知道空棘鱼属于肉鳍鱼类，那是距今有上亿年的存在史，在科学上发现拉蒂迈鱼可以和发现活的恐龙相比较。目前我国仅有6条拉蒂迈鱼的标本，其中保存最完好的一条在中国古动物馆。目前科摩罗群岛是世界上唯一多年有矛尾鱼捕获记录的地区。

2）肺鱼总目（Dipneustomorpha），肺鱼总目的鱼具有和陆生动物肺的构造与作用相似的鳔，有真正的鳃盖，现存的种类中背鳍、尾鳍和臀鳍相连是其显著的形态特征。肺鱼总目均为淡水鱼类，在泥盆纪活跃，一直延续到现在。我国四川曾发现过肺鱼的化石，而现今我国没有肺鱼的现存种类分布。肺鱼适应干旱的环境，其鳔在进化中产生了利用空气中氧气的能力，当干旱来临时，肺鱼会钻入泥土中，用黏液做泥土“茧”，在泥土茧中可存活几个月直到下一个雨季的到来。现存肺鱼分为2个目，即单鳔肺鱼目和双鳔肺鱼目，单鳔肺鱼现分布于澳洲，双鳔肺鱼分布在南美洲和澳洲。

（2）辐鳍亚纲（Actinopterygii） 无内鼻孔，偶鳍无多节的中轴骨骼，不呈叶状，尾鳍多为正形尾，被硬鳞或骨鳞，其中硬鳞总目的种类体被硬鳞，其余总目体被骨鳞。本亚纲是现存鱼类最多的亚纲，现存9个总目，36个目，我国有8个总目，28个目。

1）硬鳞总目（Ganoidomorpha），硬鳞总目的鱼体被硬鳞，腹鳍腹位，歪形尾，有螺旋瓣、动脉圆椎，多有喉板。现存有4个目。通常所讲的硬骨鱼类涵盖了硬鳞总目的种类，而真骨鱼类通常指的是除了硬鳞总目以外所有的辐鳍亚纲的种类。多鳍鱼目主要分布在非洲，弓鳍鱼目分布在北美南部和中美洲，雀鳝目分布在北美、中美和古巴，我国仅有鲟形目分布。

鲟形目（Acipenseriformes）。主要特征为：其内骨骼为软骨，头部有膜骨，具歪形尾，体被有5列骨板或裸露，尾鳍上叶有硬鳞。我国有2科，鲟科和白鲟科。其中白鲟科在我国只有1科1属1种，即长江白鲟，为我国特有物种，也是国家一级重点保护野生动物。白鲟科与鲟科的区别在于，白鲟科的吻部呈剑状，吻上有2条吻须，身体完全裸露。非常遗憾，在经过多年寻找未果之后，科学家在2019年12月23日宣告该物种灭绝。成年白鲟最大的体长记录是7.5米，体重是200~300千克。长江白鲟是溯河洄游的鱼类，每年的繁殖期间会逆流而上到达长江上游，曾经分布于我国的长江及钱塘江，生活在河流中下层，性情凶猛，以鱼、虾为食。

鲟科有吻须，有骨板5列，除幼鱼外，上、下颌无牙，第一条胸鳍演变为棘。在我国种类和数量很少，包括鳇属和鲟属。鳇属在我国仅有鳇鱼1种，即分布在我国的黑龙江、乌苏里江、松花江和嫩江下游。鲟属在我国有6种，它们在我国黑龙江、松花江、嫩江等河流，也在长江、金沙江及牡丹江和嘉陵江流域有分布。其中的中华鲟一直以来都是我国的国家一级重点保护野生动物，也是一种有重要经济价值的鱼类。我国有专门的鲟鱼养殖场，但是不能直接买卖鲟鱼，养殖场大多做公益放流，或是饲养鲟鱼采集其黑色的鱼卵做鱼子酱。

我国有5种鲟鱼被列入《中国濒危动物红皮书——鱼类》，其中鳇鱼、

达氏鲟、中华鲟、施氏鲟，已经被列入易危等级，原因首先是鲟形目的鱼类属于寿命很长的大型鱼类，其性成熟很晚，其次是过度捕捞。

2）鲱形总目（Clupenomorpha），具圆鳞，鳍无刺，胸鳍1个，腹鳍腹位，上颌由前颌骨和上颌骨组成，鳔有鳔管。本总目有6个目，分别为：

①海鲢目（Elopiformes）。是具有较为原始特征的，有的种类具有动脉圆椎，多有喉板和侧线，偶鳍基部有腋鳞，它们的幼体要经过“柳叶”鳗期变态。我国有3科，即海鲢科、大海鲢科、北梭鱼科。我国的东海、南海、黄海南部均有海鲢目的分布。

②鼠鱚目（Gonorhynchiformes）。背鳍1个，在我国有2科2属2种的分布，分别是鼠鱚科和遮目鱼科，其中遮目鱼科因其病害少，肉味鲜美等特质，是非常重要的经济鱼类，甚至已经成为东南亚各国海水鱼类养殖中的主要优良品种之一。遮目鱼主要栖息于太平洋地区的热带和亚热带水域，我国的台湾省是世界上主要的遮目鱼养殖地之一。

③鲱形目（Clupeiformes）。背鳍1个，腹鳍腹位，各鳍无棘，无侧线或侧线不完全，被圆鳞，有辅上颌骨。鳔有发达的鳔管。在我国产有3科，分别为鲱科、鳀科和宝刀鱼科。其中鲱科在我国现存有5亚科13属20多种，它们广泛分布于各海洋中，大部分栖息于热带水域中，也有淡水种类，还有溯河洄游种类。与此同时，鲱科鱼类也是世界范围内最重要的鱼捞对象，以捕鱼量来说鲱科鱼类占第一位。

④鲑形目（Salmoniformes）。鲑形目的鱼类一个很重要的特征，就是多有脂鳞,并且上颌口缘由前颌骨与上颌骨组成,具螺旋瓣,输卵管退化或没有，总共9个目，我国有7个亚目，在我国沿海和长江流域、黑龙江上游、嫩江上游、乌苏里江、松花江、绥芬河等水域。其中的鲑亚科的大马哈鱼，是人们所熟知的鱼类之一，也是溯河洄游性的鱼类，在繁殖季节，大马哈鱼会从海洋洄游到河流的上游去产卵，产卵之后亲鱼基本全部死亡。

⑤灯笼鱼目（Myctophiformes）。其特征是鱼口特别大，常有脂鳞和发光器，上颌口缘一般由前颌骨组成，若有鳔则具鳔管。灯笼鱼目现今我国有

11 科，以狗母鱼科的经济价值较大，在我国有 3 属，10 多种。灯笼鱼科在我国南北海区都有分布，包括南海、东海及台湾海峡。

⑥拟鲸鱼目（Cetomimiformes）。腹鳍呈条状转移到喉位，体表裸露或被弱鳞，为深海鱼类。在我国有 2 科 3 种，分别是辫鱼科和大鼻鱼科，在我国南海和东海均有分布。

3）鳗鲡总目（Anguillomorpha），身体呈鳗形是鳗鲡总目的主要特征，背鳍和臀鳍基底通常延长，且与尾鳍相连，仔鱼体似柳叶。世界现存 3 目，我国仅有 1 目，即鳗鲡目，其中在我国分布有 9 科，其中较为有特征的有 5 个科。

a. 鳗鲡科（Anguillidae），最主要的特征是身体上有蒲席状的小圆鳞埋于皮下，有胸鳍，背鳍和臀鳍基底长，与尾鳍相连通。在我国仅鳗鲡属 1 属 2 种，即花鳗鲡和鳗鲡，在广东、福建和台湾江河，以及我国南北水域均有分布。鳗鲡科目前人工繁育相关的研究有待持续进行。

b. 康吉鳗科（Congridae），最主要的特征就是舌头宽大，游离。

c. 海鳗科（Muraenesocidae），最主要的特征是中行犁骨牙特大，我国有 2 属，其中以海鳗属的海鳗最为常见，也是海鳗科中经济价值最高的种类，在我国沿海均有分布。

d. 蛇鳗科（Ophichthyidae），最显著的特征就是没有尾鳍（少数具有尾鳍），蛇鳗科共有 2 亚科 49 属 230 多种，在我国有 13 属，约 28 种，主要为温带和热带鱼类。

e. 海鳝科（Muraenidae），最主要的特征是没有胸鳍，颜色艳丽，种类丰富，我国有 7 属 30 余种。主要分布在我国南海和东海。

4）鲤形总目（Cyprinomorpha），最为重要的一个特征就是具韦伯氏器，因此鲤形目的听觉非常敏感。腹鳍腹位，背鳍 1 个，多无棘，有的种类具有假棘。

①鲤形目（ Cypriniformes）。大部分为淡水鱼类，我国有 6 个科，包括双孔鱼科、胭脂鱼科、鲤科、裸吻鳅科、鳅科、平鳍鳅科。鲤形目分布极

广，大多栖息于热带和亚热带，越靠近高纬度寒冷地区越少。该目在我国有6科163属651种。

图2-37　青鱼

其中鲤科是我们生活中最常接触到的鱼类，也是鱼类中种类最多的科，全世界约有196个属，2 000余种，我国有12亚科120属430余种，占中国淡水鱼类的一半左右。也是北半球温带和热带淡水地区最重要的捕捞对象。其中草鱼、青鱼（图2–37）、鲤鱼、鲢鱼、鲫鱼、鳙鱼、团头鲂等种类是我国主要的经济鱼类。

②鲶形目（Siluriformes）。鲶形目主要为体表裸露或被骨板，有口须，部分种类臀鳍和尾鳍完全相连。世界上有31科401属1 000多种，我国有12科28属98种。它是分布广泛的淡水鱼类，只有海鲶科和鳗鲶科为海水鱼类。鲶形目的鱼类生活习性多样，有些具有特殊吸附器官，如胡子鲶有鳃上器官，可以直接呼吸空气。又有一些生活在地下，视觉器官退化为盲鱼，但其余感觉器官十分发达敏感。

5）银汉鱼总目（Atherinomorpha），银汉鱼总目的特点是腹鳍腹位、亚胸位，胸鳍高位，背鳍1~2个，后位，被圆鳞，无鳔管。分为鳉形目、银汉鱼目和颌针鱼目。

①鳉形目（Cyprinodontiformes）。只有1个背鳍，与臀鳍相对，多无侧线，有的话在体中部。该目在我国有2个科，青鳉科和胎鳉科。胎鳉科在我国只有一种，即食蚊鱼，该种是从国外引进的，喜欢吃蚊子的幼虫，也是因为这个摄食习性而被命名的。而青鳉科在我国仅有2种，即青鳉和弓背青鳉。主要栖息于湖泊、河流、池塘等浅水处。鳉形目多无食用价值，但很多种类色彩美丽，是著名的观赏鱼类，例如，剑尾鱼和孔雀鱼等。

②银汉鱼目（Atheriniformes）。其特征为背鳍2个，第一背鳍由不分枝

鳍条组成，腹鳍腹位或亚胸位，侧线无或不发达。银汉鱼目在我国有 2 科，分别为银汉鱼科和前齿银汉鱼。在我国的台湾省北部、东北部及南北沿海都有该目分布。

③颌针鱼目（Beloniformes）。体延长，被圆鳞，背鳍 1 个，与臀鳍相对，胸鳍高位近背方，侧线低位。本目有 2 亚目 5 科 170 多种。分有颌针鱼亚目和飞鱼亚目。该目在我国福建南部沿海、东海、南海、黄海、渤海有分布。

6）鲑鲈总目（Parapercomorpha），鲑鲈总目分为鲑鲈目和鳕形目，而我国仅有鳕形目，其中包含鳕亚目和长尾鳕亚目。鳕类是世界渔业的重要捕捞对象，2004 年统计其总产量达 943.1 万吨，位居当年的世界第二。该目属于寒带性鱼类，在东海、南海、黄海等众多海域都有分布，其中江鳕属的江鳕是唯一生活在淡水中的种类，在我国的黑龙江、乌苏里江、鸭绿江有分布。

7）鲈形总目（Percomorpha），腹鳍多胸位或喉位，鳍多有鳍棘，体多被栉鳞，口裂上缘多由前颌骨组成。本总目有 10 个目。

①金眼鲷目（Beryciformes）在我国有 6 科，其中鳂科为肉食性鱼类，在珊瑚礁附近活动，常见的日本骨鳂在南海有分布。

②海鲂目（Zeiformes）。在我国有 2 科，即海鲂科和菱鲷科，其中以海鲂科最为常见，分布在我国的南海、东海及渤海。

③月鱼目(Lampridiformes)。我国有 2 亚目，即旗月鱼亚目和粗鳍鱼亚目，其中旗月鱼亚目在我国南海有分布，为底栖鱼类。而粗鳍鱼亚目为罕见的大洋鱼类。

④刺鱼目（Gasterosteiformes）。腹鳍腹位或亚胸位或无，背鳍 1~2 个，有些种类第一背鳍为游离的棘，刺鱼目可分为 3 个亚目。

a. 刺鱼亚目（Gasterosteoidei），显著特征是前几个背鳍为游离硬棘状，我国有刺鱼科 1 科，刺鱼属和多刺鱼属 2 属，在我国黑龙江、图们江下游，以及东北、华北有分布。大多为一些小型鱼类，生活在靠北方的冷水区域，可以筑巢繁育后代。

b. 管口鱼亚目(Aulostomoidi)。身体延长，吻很短，管状。我国有管口鱼科、烟管鱼科、长吻鱼科、玻甲鱼科总共 4 科。该亚目在我国南海、东海及台湾海峡有分布。

c. 海龙亚目（Syngnathoidei）。吻管状，颌无齿，多被骨板，无腹鳍，无侧线，鳃孔小。该亚目在我国有 2 科，即剃刀鱼科和海龙科。其中海龙科在我国有 17 属约 30 种，其特征是多数无腹鳍，鳃孔小，体被环状骨片。我们所熟知的海马就是在这一科下面的海马属。在我国沿海均有分布。也是重要的观赏鱼类。

⑤鲻形目(Mugiliformes)。主要特征是腹鳍是亚胸位或腹位,背鳍有 2 个，第一背鳍由鳍棘组成。在我国有 3 个亚目 3 个科。即魣科、鲻科、马鲅科。在我国沿海均有该目分布，其中不乏在我国具有经济价值较高的鱼类。

⑥合鳃鱼目（Synbranchiformes）。其鳃退化，左右鳃孔连成一横裂。在我国仅有合鳃亚目，合鳃科 1 科，黄鳝属，黄鳝 1 种。黄鳝有性逆转的特性，第一性成熟是雌性，待产完卵后变为雄性。此外在口腔中有辅助呼吸器官，耐低压。黄鳝喜欢生活在泥塘、沟渠、稻田里，喜好泥土底栖，钻洞栖息，白天甚少活动。

⑦鲈形目（Perciformes）。是目前鱼类中最大的一个目，其中许多种类具有重要的经济意义。我们对其中一些常见或有重要经济价值的目来进行介绍。

a. 鲈亚目（Percoidei）。我国有 9 总科 52 科 214 属，种类非常多。其身体特征为背鳍多发达，侧线多存在，腹鳍胸位或喉位，鳍棘 1 个，鳍条 5 条。其中鮨科花鲈属在我国仅有花鲈 1 种。花鲈在我国沿海南北水域均有分布，性情较凶猛，肉食性，喜欢生活在河口淡水中下层。同样，鮨科中的石斑鱼属，在我国有 30 余种，它们栖息于海底，是名贵的海产品，其经济价值很高，由于石斑鱼属色彩鲜艳，其色彩变化之大是其分类的主要依据之一。其中丽鱼科里最为熟知的养殖鱼类就是罗非鱼，这个鱼种是引进种类，目前我国的罗非鱼养殖产业在世界上产量最高。除此之外，丽鱼科里有很多好看的观赏鱼种。整个鲈亚目在我国沿海均有分布。

b. 隆头鱼亚目（Labroidei）。该目最明显的特征是嘴唇很厚,分内外两层,口前位，长椭圆形或延长，具咽骨齿。我国有 2 科，即隆头鱼科和鹦嘴鱼科。

隆头鱼科，口多能向前伸出，颌牙一般分离。在《中国鱼类系统检索》中记载，我国有 4 亚科 28 属。其代表种类有猪齿鱼属的蓝猪齿鱼，分布于我国东海和南海。而鹦嘴鱼科在我国是典型的珊瑚礁鱼类，主要分布于南海。

c. 鰕虎鱼亚目(Gocioidei)。该目最大的特征是左右腹鳍完全愈合或接近。该目在我国有 5 科 68 属 166 种。其中塘鳢科，国产 17 属，31 种，其中的乌塘鲤，犁骨牙细小，纵列鳞 110~130 片，下颌不显著突出。尾鳍基部上端有一大块黑色眼斑。在我国大部分海域都有该目的鱼类分布。

d. 刺尾鱼亚目（ Acanthuroidei ）。体卵圆形或长椭圆形，侧扁而高。口小。臀鳍有 2~3 个或 7 个鳍棘。其中篮子鱼科中的褐篮子鱼是市面上常见的种类，产于我国黄海、东海和南海。其余的刺尾鱼科和镰鱼科在我国南海和台湾海峡有分布。

e. 带鱼亚目（ Trichiuroidei ）。该目是我国重要的经济鱼类，也是人们日常生活中最为熟悉的鱼类。其特征是身体呈条带状延长，背鳍、臀鳍延长，腹鳍腹位或无。该目在我国有 2 科 14 属 14 种。其中的代表种类的带鱼科在我国有 5 属 5 种，当中的叉尾带鱼仅见于东海；窄颅带鱼在东海和南海有分布。而蛇鲭科在我国有 9 属 9 种，主要分布在东海和南海。

⑧鲉形目（ Scorpaeniformes ）。鲉形目是一群广泛分布于热带、温带和寒带的鱼类，部分栖息于深海。有些种类头部的棘刺和鳍棘下具毒囊。我国有 6 亚目 11 科。

a. 鲉亚目（ Scorpaenoidei ），身体扁，头后开始背鳍，头部有棘棱。我国有 5 科 55 属 118 种。在我国黄海、南海、东海和渤海都有分布。

b. 鲬亚目（ Platycephaloidei ），我国有 3 科 15 属 22 种。我国沿海均有分布，为常见食用经济鱼类。

c. 杜父鱼亚目（ Cottoidei ），该亚目有 130 属，接近 600 种，大部分分布在北半球寒冷地区，该亚目在我国常见的有杜父鱼科和圆鳍鱼科，其中杜父鱼科中的松江鲈一直都是我国的国家二级重点保护野生动物。

⑨鲽形目（Pleuronectiformes）。鲽形目最大的特征就是左右不对称，幼鱼时体型对称，随着发育逐渐形成不对称的体型。在我国有 3 个亚目 6 科 46 属 120 种，其中鳒亚目（Psettodoidei）在我国仅 1 科 1 属 2 种，在我国东海和南海有分布。鲽亚目（Pleuronectoidei）有 3 科，其中在我国常见的有鲆科和鲽科，鲆科在我国有 3 亚科，10 多个属，其中牙鲆亚科的牙鲆属较为常见。而鲽科在我国有 3 亚科 16 属 26 种，以鲽亚科的一些种类较为常见。鳎亚目（Soleoidei）在我国有 2 科，其中鳎科在我国有 9 属 16 种，我国沿海均有分布。而另一科舌鳎科在我国有 3 属 30 种，在我国沿海均有分布。

⑩鲀形目（Tetraodontiformes）。鲀形目的鳞片变异成小棘或骨板，或者身体裸露，牙锥形或门牙状或愈合成齿板。鳃孔小。气囊有或无。鲀形目在我国有 4 个亚目。鳞鲀亚目（Balistoidei）在我国有 5 科 24 属 45 种，其中代表物种是革鲀科，有 12 属，在我国南北海域均有分布；箱鲀亚目（Ostracioidei）在我国有 2 科，其中的六棱箱鲀仅见于我国南海，箱鲀科广泛分布于我国沿海；鲀亚目（Tetraodontoidei）有 3 科，其中鲀科是鲀亚目中种类最多的科，在我国有 11 属 50 种，广泛分布于热带、亚热带和温带海洋中，少数种类会进入淡水。翻车鲀亚目（Moloidei）在我国仅 1 科，共有 3 属 4 种，最常见的就是翻车鲀，它在全世界热带和温带广泛分布，随着水温转变而洄游，在我国沿海均有分布。

8）蟾鱼总目（Batrachoidomorpha），该目种类身体多较粗短，多稍平扁，头宽大扁平。体表裸露或具小骨板、小刺埋于皮下小鳞。鳃孔小，腹鳍胸位、喉位或亚胸位。蟾鱼总目在我国有 4 个目，鮟鱇目（Lophiiformes）在我国共有 2 亚目，鮟鱇亚目和躄鱼亚目。鮟鱇亚目仅有鮟鱇科 1 科，在东海、黄海、渤海、南海和台湾海峡有分布；躄鱼亚目在我国有 3 科，在我国沿海均有分布；海蛾鱼目在我国仅 1 科 1 属 3 种，在我国南海和台湾海峡有分布。

（三）中国鱼类动物保护

目前我国乃至世界海洋鱼类的危机是空前绝后的，曾经的“海洋四大渔业”指的是捕捞大黄鱼、小黄鱼、带鱼、墨鱼，现如今大黄鱼已成珍稀鱼类，人工育苗的品种性成熟提前，生长缓慢且肉质变差，小黄鱼则严重衰退，曾经海洋中的捕捞优势种现如今的比例都严重下降。而我国淡水鱼类的种群数量也在急剧下降，很多种类如不加以保护，极有可能短期内濒临灭绝。首先造成鱼类资源危机的主要因素之一就是水体污染，人类经济活动带来的水体长期污染，其主要污染物有 COD、氨氮、石油类等；另外是重金属污染。这其中工业污染排放物是其污染源的主要源头。其次是农业污染中很多农药和化肥的使用，导致很多毒性强的有机农药不易分解，随着雨水冲刷引入水体。再次是生态环境遭到破坏，主要是垦耕过度，甚至在耕作区域内拦河堵坝，这样的建设无异于与鱼争水，而沿海建设海港、工厂、码头等设施前都要排干湿地的水，铺上混凝土，这就导致了鱼类大面积丧失生活环境和育苗场所。要知道湿地是地球之肾，湿地是很多鱼类生物的天然家园，但是人为的建设活动会对鱼类起到一刀切式的打击。所以对于鱼类的保护迫在眉睫，在生态防治中可以通过微生物降解转化污染物的能力，去除、消除或缓解环境污染问题。除此之外要依法治渔，中国政府陆续颁布了《中华人民共和国水污染防治法》《中华人民共和国渔业法》《中华人民共和国海洋环境保护法》《中华人民共和国清洁生产促进法》《中华人民共和国环境保护法》等。此外，从 2021 年 1 月 1 日零时起，长江流域重点水域十年禁渔全面启动。全长 6 387 千米的世界第三长河——长江，自 2021 年开始实施“十年禁渔”，到 2030 年，这 10 年时间内禁止一切生产性捕捞活动。这对于长江中的鱼类来说，无疑是获得了一次休养生息的绝佳机会。

综上所述，鱼类栖息地保护与修复是河流生态保护工作中最关键的一个环节，这一切都需要企业、科研机构、政府等各方共同推进。

第三章

中国无脊椎动物多样性

在纷繁神奇的动物世界里，人们更容易关注天空中自由飞翔的各类鸟、游弋水中的鱼、丛林中灵巧却凶猛的兽类，抑或是行动缓慢的两栖爬行类动物，这些“飞禽走兽”被统称为脊椎动物。然而，截至 2020 年，世界上有记录的动物有 162 万种之多，脊椎动物仅约 5 万种，和脊椎动物同处一个分类地位的头索动物和尾索动物共 1 000 余种，其余都属于无脊椎动物，无脊椎动物约占动物总数的 97%。在现代分类法中，脊椎动物是后口动物总门脊索动物门中的一个亚门，无脊椎动物并不是一个分类阶元，更准确地说，它应该被称为“无脊索动物”，是指动物界中除了脊索动物之外的动物集合。无脊椎动物包含动物界中绝大多数比较低等的生物类群，它们几乎遍布地球的每个角落。无论是在种类上还是数量上，都远远超过脊椎动物。

现存的无脊椎动物约有 158 万种。按照形态分类学方法，无脊椎动物首先被分为侧生动物亚界和真后生动物亚界。侧生动物亚界包括海绵动物、扁盘动物和中生动物。真后生动物亚界按照其身体对称方式分为辐射对称动物和两侧对称动物。前者包括刺胞动物门和栉水母动物门。后者按照胚胎发育和形态等方向的研究，分为原口动物和后口动物。原口动物包含冠轮动物总门、扁形动物总门、蜕皮动物总门；后口动物包含后口动物总门。

一、中国节肢动物多样性

我国跨越热带、亚热带和温带三个气候带，地势复杂，拥有多种类型地形地貌，为动物们提供了适宜和优良的栖息地，使得我国的无脊椎动物的种类和区系异常丰富。而节肢动物是地球上进化最成功的动物，海洋中、淡水中、陆地上，它们的数量让其他动物群体望尘莫及。节肢动物门（Arthropoda）

是动物界中最大的一个门，其种类约占无脊椎动物种类的 82.6%，已描述的种类约有 130.2 万种。分类学家预估节肢动物种类可能达 500 万种，甚至接近 1 200 万种。

节肢动物最主要的特征是身体由数个体节构成，两侧对称，并出现了分节的附肢；它们普遍具有异律分节现象，也就是某些体节进一步愈合集中为不同的体段。节肢动物体表覆盖着几丁质的外骨骼，覆盖的体壁坚硬，它们的外骨骼像盔甲一样保护柔软的内部器官，但是同时会限制个体的生长和活动，因此节肢动物具有蜕皮生长的习性。

我们的生活中处处充满着节肢动物的踪影，夏日夜间你的耳边一定少不了“嗡嗡”叫的恼人蚊虫，水果、肉类等食物放久了一定会引来果蝇或绿头苍蝇的光顾，小溪边看看也许就发现了冲你张牙舞爪的螃蟹……不论你想与不想，节肢动物无时不在地影响着人类的生活；无论是好是坏，我们总逃脱不了和节肢动物发生的各种联系。

节肢动物的高级阶元分类还存在争议，目前普遍接受的是除了已灭绝的三叶虫亚门（Trilobitomorpha），将现生的节肢动物分为 4 个亚门，即六足亚门（Hexapoda）、螯肢亚门（Chelicerata）、甲壳亚门（Crustacea）和多足亚门（Myriapoda）；其中六足亚门和多足亚门主要分布在陆地上，而螯肢亚门和甲壳亚门主要分布在海洋中。

（一）六足亚门（Hexapoda）

已知现生至少有 120 万种；包括占据绝对主导地位的昆虫纲（Insecta）各类昆虫，以及 3 个原始类群：弹尾纲（Collembola）（即原来的弹尾目）、原尾纲（Protura）（即原来的原尾目）、双尾纲（Diplura）（即原来的双尾目）。后 3 个纲曾作为内颚纲（Entognatha，亦称内口纲）的 3 个目，由于系统发育关系的变化更新，现已经提升为纲。

1. 弹尾纲（Collembola）

弹尾纲动物统称为“䖴”，也被称为弹尾虫、跳虫，它们有发达的弹器，能进行强烈跳跃，一次可跳出200倍体长的距离。弹尾虫体型微小，体长多为1~3毫米，少数可超过10毫米。它们身体柔软，呈圆筒形、球形或扁平形，体表光滑，有的被鳞片或毛，颜色丰富多样。无真正的复眼，或仅由不多于8个小眼组成；无翅；无尾须，胚后发育为表变态，若虫形似成虫，仅体型较小，成虫期可继续蜕皮，蜕皮多达50次。

全世界已知4目28科560属8 000余种，中国记载20科91属337种，代表科有长角䖴科（Entomobryidae）、等节䖴科（Isotomidae）、棘䖴科（Onychiuridae）等，中国特有种弹尾虫有180种。弹尾虫为广泛分布的类群，在我国各个省区均有记载，分布于平原、高山、水面、海面等各类栖息地，主要以动植物残体、腐殖质、细菌、真菌和藻类为食，一般生活在潮湿场所，尤其是有机质丰富的土壤中类群众多。

2. 原尾纲（Protura）

原尾纲动物简称“蚖”，俗称原尾虫。体型微小细长，体长0.5~2.5毫米；体色浅淡，极少深色；头锥形，口器上颚和下颚内藏；触角退化，前足特别长，向前伸出代替触角的功能；无复眼和单眼；无翅；腹部12节，第1~3节上各有1对附肢；无尾须；增节变态，若虫5龄，和成虫相似。成虫和若虫均行动缓慢，终生生活于潮湿的土壤、砖石、林地落叶层、苔藓、树根等环境中，食腐木、腐败有机质、菌类等。

全世界已知约3目7科750种。旧时学术界认为中国没有原尾目昆虫，但中国著名昆虫学家、中国农业大学教授杨集昆先生（1925~2006）于1956年在陕西华山首次采集到了原尾虫，填补了我国原尾虫的空白。著名昆虫学家、中国科学院院士尹文英先生从1960年开始系统地进行原尾虫研究，并通过对精子超微结构和内部器官亚显微结构的研究比较，认为原尾虫起源更早，更新了原尾纲的分类体系，1999年出版了《中国动物志节肢动物门

原尾纲》。目前中国记录原尾纲动物 2 目 9 科 39 属 213 种，中国特有种为 163 种；原尾纲在我国主要分布在西南和长江流域的省区，檗蚖科、古蚖科种类多、分布广，除个别省以外均有分布；旭蚖科是中国特有科，分布于江苏、浙江、福建等省区。

3. 双尾纲（Diplura）

双尾纲简称"虮"，俗称双尾虫、铗尾虫。因为腹部末端有一对显著的尾须而得名。双尾虫体型细长而扁平，白色、淡黄色或淡褐色，体长 2~20 毫米，也有的种类更大；有毛或刺毛，少数种类有鳞片。头大、口器内藏，无眼，无翅，触角呈丝状或念珠状，长而多节；腹部前面数节的腹面常有成对的刺突和可翻出的泡囊。表变态，若虫外形与成虫相似，成虫期仍然可以蜕皮，每年蜕皮 20 余次，一般第 8~11 次蜕皮后就性成熟，可在土穴上方以一个共同卵柄悬挂产卵。双尾虫分布广泛，主要生活在落叶、石下及腐殖质丰富的土壤等隐蔽潮湿的环境中，畏光但行动活泼、爬行迅速，以植物根、植物碎屑、腐殖质、菌类或微小的土壤动物为食。

全世界已知双尾纲 10 科 134 属 1 200 余种，中国记载 6 科 24 属 44 种，代表科有康虮科（Campodeidae）、铗虮科（Japygidae），这两个科种类最多，各有 18 种，其余 4 科我国分布种类较少。中国特有双尾虫有 35 种。1982 年，中国科学院动物研究所王书永、张学忠两位先生在横断山科学考察期间，于四川省乡城县采集到伟铗虮（*Atlasjapyx atlas*），这是当时世界上发现的最大的双尾纲昆虫，并且是 1 新属 1 新种。1989 年《国家重点保护野生动物名录》中，伟铗虮被列为国家二级重点保护野生动物。

4. 昆虫纲（Insecta）

弹尾纲、原尾纲、双尾纲口器基部隐藏在头壳之内，但昆虫纲完全不同，口器完全伸出于头壳之外，这是区分其他三个纲的显著特征；昆虫身体分为头、胸、腹三部分；头部除了口器，还有复眼和触角；胸部分为 3 节，每节有足 1 对，中胸和后胸节有翅各 1 对。昆虫体型小，大多数能飞翔，扩散能力强，分布范围很广；外骨骼都具有蜡质层，能够很好地适应陆地生活；它们的繁殖能力非常强，生活周期短，发育都经历一定程度的变态过程（图3-1、图3-2）。

昆虫纲根据上颚关节是一个还是两个，分为2个亚纲：单髁亚纲（Monocondylia）和双髁亚纲（Dicondylia），前者仅1目，后者28目，共计29目。

图3-1　雾灵豹蚕蛾

图3-2　中华蜜蜂

（1）单髁亚纲（Monocondylia） 石蛃目（Microcoryphia）昆虫为原始无翅的中小型昆虫，体长通常在15毫米以下，不超过20毫米，因其具有原始的上颚而得名，旧时也称古颚纲或古口目。石蛃目昆虫身体近似纺锤形，胸部较粗且背部拱起，体表密被鳞片，头部有触角、复眼和单眼，有较长的下颚须和下唇须，腹部末端有1对侧尾丝和1根中尾丝。石蛃目昆虫主要栖息在阴暗潮湿处，一般生活在地表，生境非常多样，可生活在枯枝落叶丛的地表，或树皮的缝隙中，或岩石的缝隙中，或在阴暗潮湿的苔藓、地衣表面等。其许多类群为石生性或者为亚石生性，在海边的岩石上也发现有石蛃目昆虫。石蛃目昆虫食性广泛，以植食性为主，如腐败的枯枝落叶、苔藓、地衣、藻类、菌类等，少数种类取食动物性产品。

石蛃目原与衣鱼目同属于缨尾目（Thysanura），由于两者的系统发育特征有较大差别，在新的昆虫分类系统中已拆分独立为石蛃目和衣鱼目，一般

通过尾尖和尾须的相对长度来区分。全世界现有石蛃目昆虫4科76属506种，其中石蛃科（Machilidae）约50属377种。目前已知的中国石蛃种类均属于石蛃科，共1科8属29种，中国特有种23种。中国石蛃目记录较少，基础调查任重而道远。

（2）双髁亚纲（Dicondylia） 包括衣鱼部（Division Zygentoma）和有翅部（Division Pterygota）。前者仅有1目，后者有27目。

1）衣鱼部（Division Zygentoma） 全世界衣鱼目（Zygentoma）已有7科134属587种，我国记载2科8属9种，其中土衣鱼科4属4种，衣鱼科4属5种，其中中国特有种5种。衣鱼身体呈纺锤形，背部扁平不拱起，体表多数密被鳞片，有金属光泽。丝状触角较长、复眼退化，多数无单眼，有一对尾须和细长的中尾丝。衣鱼种类原始，体型较小，无翅，是室内常见昆虫。生活在温暖的环境里，多数夜行性。衣鱼科的糖衣鱼（*Lepisma saccharina*）是我国最常见的衣鱼种类之一，野外常见于枯树皮下，室内常取食书籍和衣物。

2）有翅部（Division Pterygota） 有翅部包括昆虫纲中的绝大多数种类。其中大多数具翅，少数种类因适应生活环境而翅发生次生性退化。该部可分为27个目。

①蜉蝣总目（Ephemeropterodea）。蜉蝣目（Ephemeroptera）是现存唯一具有亚成虫阶段的有翅昆虫，它们体态轻盈，身体纤弱，复眼发达，翅膜质透明，翅脉原始，多纵脉和横脉呈网状，静止时竖立于体背。

全世界约有23科540属3 339种；中国记载现生蜉蝣种类超过300种，中国特有种有157种。蜉蝣稚虫水生，主要取食水生高等植物和藻类，少数捕食小型水生无脊椎动物，稚虫同时也是鱼类和其他水生动物的饵料，因此蜉蝣在淡水食物链中至关重要。蜉蝣羽化后生命极短，是成语“朝生暮死”的主角。蜉蝣喜欢清洁的溪流，是重要的水质监测三大指示昆虫之一，EPT指数（E—蜉蝣目；P—襀翅目；T—毛翅目）和其他底栖动物群落结构完整度是水生态健康评价中的重要组成部分。

②蜻蜓总目（Odonatoptera）。蜻蜓目（Odonata）包括蜻蜓（差翅亚目 Epiprocta）和蟌（俗称豆娘，均翅亚目 Zygoptera）。体型中大型，身体细长，头大，具有发达的复眼和翅，飞行能力强，翅透明，翅脉复杂，不能折叠。蜻蜓腹部有复杂的副生殖器和抱握器，因此交配姿势特殊，都是首尾相接呈现爱心的形状，“蜻蜓点水”描述的就是蜻蜓交配和产卵的情形。蜻蜓的稚虫水生，被称为“水蚤”，捕食性（图 3–3）。

全世界共有蜻蜓目昆虫 32 科 640 属 5 626 种；中国有记录的蜻蜓共有 23 科 175 属 820 种，中国特有种有 461 种。蜻蜓目中蜓科、春蜓科、大蜓科、蟌科分布广泛，几乎在全国各省区均有分布，丽蟌科、扁蟌科、原蟌科分布地区较少。

图 3–3　蜻蜓羽化

③襀翅总目（Plecoptera）

a. 襀翅目（Plecoptera）俗称石蝇，统称“𫌀”，身体柔软而扁平。飞翔能力不强。襀翅目稚虫水生，捕食蜉蝣稚虫和双翅目幼虫等，或取食藻类及其他植物碎片。稚虫对监测水质有重要作用。成虫常栖息于流水附近的树干、岩石上或堤坡缝隙间。全世界共有襀翅目昆虫 28 科 381 属 3 690 种，中国记载 10 科 66 属 657 种，中国特有种 378 种。襀翅目𫌀科种类最多，分布最广，全国除宁夏外各省区均有分布，卷𫌀科和叉𫌀科也分布于大多数省份；刺𫌀科仅分布在中国。

b. 纺足目（Embioptera）俗称足丝蚁，幼虫和成虫均能通过前足第一跗节的纺丝腺分泌丝，在树皮或石块缝隙中建造丝管隧道进行生活。纺足目现生种类全世界有 12 科 82 属 344 种，中国有 1 科 2 属 7 种，中国特有种 2 种。足丝蚁在中国仅分布在南方 9 个省区，广东、海南分布较多。

④直翅总目（Orthopterida）。

a. 直翅目（Orthoptera）。包括蝗虫、蟋蟀（图 3-4）、螽蟖、蝼蛄等。全世界有 74 科 4 600 属 22 323 种，中国有 40 科 564 属 2 716 种，其中 2 111 种为中国特有种。直翅目前翅狭长、皮革质，为覆翅，后翅膜质；也有些种类短翅，甚至无翅；后足强壮，适于跳跃，有的蝗虫种类能长距离迁飞引起

图 3-4　蟋蟀

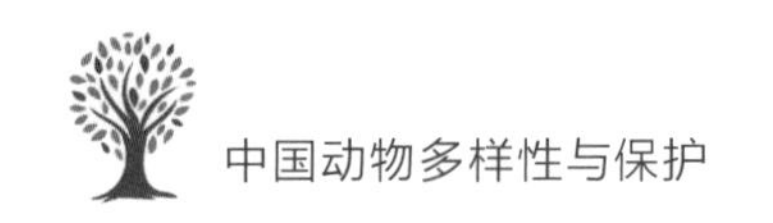

蝗灾。直翅目中很多种类为鸣虫，前足胫节或腹部有听器。

b. 蛸目（Phasmatodea）。也称竹节虫目，简称“蛸”，全世界有 6 科 298 属约 3 000 种，中国记载 5 科 66 属 343 种，中国特有种 311 种。体型较大，身体呈竹节状或叶片状，翅发达或消失，具高度的拟态和保护色。广西、云南等地种类丰富。

⑤网翅总目（Dictyoptera）。

a. 蜚蠊目（Blattodea）。包含蜚蠊和白蚁两大类，蠊俗称蟑螂、小强、土鳖，统称“蠊”。身体扁平，呈卵圆形或长椭圆形，口器咀嚼式，触角丝状；足发达；前翅覆翅，后翅膜质，或无翅。渐变态。适应性强，分布范围广，一般生活在石块、树皮、枯枝落叶、洞穴内，也有少数种类与人类伴生，生活在暖气管道、垃圾堆等处。全世界已知蜚蠊目昆虫 28 科 470 属 5 584 种，中国 6 科 82 属 366 种，中国特有种 226 种。蜚蠊目中蜚蠊科、地鳖蠊科、姬蠊科几乎分布于全国。其中，美洲大蠊、德国小蠊是我国南、北方室内常见的卫生害虫。白蚁原属于等翅目（Isoptera），现归于蜚蠊目。

b. 螳螂目（Mantodea）。是大家经常见到且喜爱的昆虫，全世界约有 15 科 639 属 2 500 种，中国记载 9 科 54 属 164 种，中国特有种 121 种。螳螂头部呈三角形，前足为捕捉足，是捕猎食物的最佳武器。在食物匮乏、交配之后，会有大吃小、雌吃雄的同类相残现象（图 3–5）。

图 3–5　中华大刀螳

c. 等翅目（Isoptera）。现归入蜚蠊目，俗称白蚁，全世界有 9 科 284 属 2 933 种，中国约有 5 科 46 属 532 种，中国特有种 496 种。中国是世界上等翅目昆虫种类最多的国家。等翅目有翅成虫 2 对膜质翅狭长，前后翅质地、大小、形状及脉序均相同，因此得名。翅飞行一次后即脱落。多型性社会性昆虫。有些种类对家具、林木建筑和堤坝有极大破坏性。

d. 革翅目（Dermaptera）。俗称蠼螋，全世界有 11 科 219 属 2 028 种，中国有 8 科 61 属 264 种，中国特有种 136 种。革翅目昆虫身体狭长而扁平；前翅短，革质，后翅宽大，静止时纵横褶于前翅下；有尾铗。杂食，夜行性。雌虫有护卵育幼习性。

e. 蛩蠊目（Notoptera）。俗称蛩蠊，因为既像蟋蟀（蛩）又有些像蜚蠊而得名。蛩蠊身体扁长，体暗灰色，无翅。蛩蠊目昆虫仅出没于寒冷地区，在中国分布在长白山和阿尔泰山地区海拔 1 200 米以上的高山上，个体稀少，极为罕见。全世界有 1 科 5 属 31 种，中国仅有 2 属 2 种，均为中国特有种。1986 年，中国科学院动物研究所王书永先生在长白山海拔 2 000 米的地方首次发现了此目昆虫，并命名为中华蛩蠊（*Galloisiana sinensis*）。1989 年被定为国家一级重点保护野生动物。2009 年，中国科学院动物研究所博士生宋克清在新疆喀纳斯又发现了 1 只雌性蛩蠊，是我国蛩蠊目昆虫的第 2 号标本。经白明博士和王书永先生鉴定，认为该蛩蠊是西蛩蠊属（*Grylloblattella*）的 1 个新种，为世界上该属的第 3 个种，命名为陈氏西蛩蠊（*Grylloblattella cheny*）。

f. 缺翅目（Zoraptera）。是昆虫纲中比较原始和稀有的昆虫，该目分为无翅型和有翅型种类，幼虫和成虫通常聚集生活在林中倒木的树皮下。全世界仅 1 科 1 属 39 种，中国缺翅目昆虫共有 3 种，分别是 1973~1974 年发现于我国西藏的中华缺翅虫（*Zorotypus sinensis*）、墨脱缺翅虫（*Zorotypus medoensis*），以及台湾学者 2000 年发现的纽氏缺翅虫（*Zorotypus newi*）。这 3 种缺翅虫是中国仅有的种类，并且全部由中国科学家自行命名。

⑥准新翅总目(Paraneoptera)。口器刺吸式或咀嚼式。渐变态。包括4目。

a. 啮虫目（Psocoptera）。通称啮虫、蛄或书虱。体型微小柔弱，行动缓慢不善飞行，对温度、湿度要求较高，多数种类生活在树干或枯木上取食植物、菌类，也有生活在室内或动物巢穴中，取食书籍、谷物、动植物标本，少数种类捕食蚧虫和蚜虫。全世界共43科485属5 926种，中国有27科177属1 648种，由于扩散能力弱，形成丰富的特有类群，共有特有种1 610种。

b. 虱目（Phthiraptera）。俗称虱子，体型小而扁平，无翅，足为攀缘式，粗短，末端具弯爪，与胫节端部的突起钳合以夹持毛发，终生外寄生于包括人类在内的哺乳动物和鸟类身体上。原来的食毛目（Mallophaga）现在视为本目的亚目。全世界共30科355属5 293种，中国记载17科146属1 103种，中国特有种174种。

c. 缨翅目（Thysanoptera）。俗称蓟马，小型昆虫。翅狭长，具少数翅脉或无翅脉，翅缘密生缨状长毛。大多数以植物汁液为食，也有少数捕食蚜虫和粉虱。全世界共有9科776属5 992种，中国记载4科164属570种，中国特有198种。缨翅目昆虫在国内分布遍及各个省区，有部分种类是温室果蔬生产中常见害虫。

d. 半翅目（Hemiptera）。原来的同翅目（Homoptera）已合并入本目，现分为4个亚目——颈喙亚目（Auchenorrhyncha）、鞘喙亚目（Coleorrhyncha）、异翅亚目（Heteroptera）和胸喙亚目（Sternorrhyncha），共计约有173科14 000属110 000余种，中国记载127科2 803属11 973种，7 306个中国特有种。半翅目包含蝉、蝽、蚜虫、介壳虫、粉虱、木虱等丰富的类群，适应性强，分布广泛。主要以植物汁液或动物体液为食。部分植食性种类是农林业重要害虫，部分肉食性种类是天敌资源昆虫，也有部分种类是工业原料和药材来源昆虫（图3-6 ~ 图3-9）。

图 3-6　茶翅蝽

图 3-7　刺肩普缘蝽（若虫）

图 3-8　苹果黄蚜

图 3-9　悬铃木方翅网蝽（成虫）

⑦鞘翅总目（Coleopterida）。

a. 鞘翅目（Coleoptera）。俗称甲虫，是昆虫纲最大的一目，占昆虫总数的 1/3，全世界约有 180 科 41 000 属 40 万种，实际种数估计可达 100 万种；中国有记录的有 154 科 3 910 属 23 643 种，中国特有种 13 748 种。该目包括我们熟悉的金龟、天牛、叶甲、步甲、瓢虫、萤火虫、象甲、叩甲（叩头虫）、蜣螂（屎壳郎）、独角仙等。鞘翅目体壁坚硬，体型多样，食性复杂，是分布最为广泛的类群，也是各地区记录最多的昆虫（图 3-10、图 3-11）。

b. 捻翅目（Strepsiptera）。俗称捻翅虫，全世界约有 10 科 42 属 600 种，

图 3-10　榆黄叶甲

图 3-11　中华萝藦叶甲

中国有6科10属26种，中国特有种15种。微型昆虫，捻翅目昆虫雌雄性二型，雄虫前翅退化为棒状，称为拟平衡棒，膜质后翅宽大能飞翔；雌虫则终生为幼态，寄生于蜂、蚁、叶蝉、飞虱等昆虫体内。

⑧脉翅总目 Neuropterida。口器咀嚼式。触角丝状。翅膜质，前后翅脉序相似，网状。全变态。包括3目。

a. 广翅目（Megaloptera）。有2科33属325种，中国目前已记录2科13属106种，中国特有种66种。广翅目2科即鱼蛉科（Corydalidae）和泥蛉科（Sialidae），俗称鱼蛉或泥蛉。幼虫水生，对水质变化敏感，可用于监测水质。成虫一般体型较大，陆生，白天停息在水边岩石或植物上，夜间活动，具强趋光性。所有种类均为捕食性。

b. 蛇蛉目（Raphidioptera）。因为蛇蛉的头部能高高抬起，显著高于身体水平以上，如同一条准备进攻的蛇而得名，全世界共有2科33属225种，中国有2科6属16种，11种为中国特有种。现生的蛇蛉目分为蛇蛉科（Raphidiidae）和盲蛇蛉科（Inocellidae），身体细长，多为褐色或黑色；翅狭长，膜质。成虫和幼虫均为肉食性。成虫多发生在森林地带中的草丛、花和树干等处，捕食其他昆虫，是一类重要的天敌昆虫。

c. 脉翅目（Neuroptera）。统称为“蛉”，包括草蛉、蚁蛉、蝶角蛉、螳蛉、

溪蛉等类群。全世界共有 18 科 670 属 6 000 余种，中国有 14 科 148 属 768 种，627 个中国特有种。触角长，呈丝状。翅膜质透明，有许多纵脉和横脉。部分种类幼虫水生。成虫及幼虫均为捕食性（图 3–12、图 3–13）。

图 3–12　草蛉

图 3–13　中华草蛉（卵）

⑨膜翅总目（Hymenopterida）。

膜翅目（Hymenoptera）。包括蜂类和蚁类，生物多样性也极其丰富。全世界约有 92 科 15 000 属 120 000 种，中国有 86 科 2 179 属 12 517 种，中国特有种 7 355 种。膜翅目分为细腰亚目（Apocrita）和广腰亚目（Symphyta），形态和生活习性复杂，很多种类是多型性社会性昆虫。膜翅目昆虫是重要的传粉昆虫，蜜蜂养殖业历史悠久；很多寄生性和捕食性的膜翅目昆虫是重要的天敌资源昆虫（图 3–14、图 3–15）。

图 3–14　泥蜂

图 3–15　中国四条蜂

⑩长翅总目（Mecopterodea）。

a. 毛翅目（Trichoptera）。俗称石蛾，因为体型似蛾，身体和翅面被毛而得名，全世界有 47 科 608 属 13 574 种，中国有 26 科 142 属 927 种，中国特有种 747 种。石蛾幼虫通常被称为石蚕，水生；成虫多在幼虫栖息的水域附近，石蛾是水质生物监测三大水生昆虫之一。

b. 鳞翅目（Lepidoptera）。包括蝴蝶和各种蛾类，为昆虫纲第二大目。鳞翅目昆虫翅面、身体及附肢覆盖鳞粉，翅面常具有丰富的颜色和图案；口器为虹吸式或退化。全世界有 150 科 25 000 属约 200 000 种，中国记载 94 科 3 848 属 17 786 种，中国特有种 5 706 种。鳞翅目分布极为广泛，四川、云南、台湾鳞翅目多样性极其丰富，均有 4 000 种以上。鳞翅目幼虫是大家熟悉的毛毛虫，植食性，成虫常取食花蜜补充营养。在《国家重点保护野生动物名录》中，将本目的中华虎凤蝶列为国家二级重点保护野生动物。早在 2009 年中华虎凤蝶便被评选为江苏省的代表生物和明星物种（图 3–16）。

图 3–16　中华虎凤蝶

c. 长翅目（Mecoptera）。通称蝎蛉，全世界有9科37属近700种，中国已记录3科5属231种，中国特有种220种。长翅目昆虫头部延长成喙状；前后翅相似，膜质狭长，脉相近原始型；雄虫有显著的外生殖器，在腹末上翘似蝎尾。蝎蛉幼虫生活在土壤中，成虫大多栖息在潮湿的森林、峡谷和植被茂密的地区，对环境变化敏感，是一类环境指示物种（图3–17）。

图3–17　纹翅蚊蝎蛉

d. 双翅目（Diptera）。全世界约有218科18 000属185 000种，实际种类可能达25万种，中国记录99科2 020属15 404种，9 749种为中国特有种。包括蚊、蝇、蠓、蚋、虻等。成虫前翅膜质，后翅特化成平衡棒，少数种类无翅。双翅目昆虫分布广泛，与我们人类生活密切相关，如摇蚊、伊蚊、丽蝇、食蚜蝇等，有较多卫生害虫、农林害虫和天敌昆虫类群。摇蚊科的幼虫水生，又被称为“红虫”，是鱼类等的天然饵料；摇蚊有婚飞习性，雄成虫常常在晨昏大群飞舞，给公园、湖边等地的人群造成困扰。蚊科有些种类如伊蚊的雌虫吸血，传播黄热病、登革热等多种疾病（图3–18）。

昆虫种类丰富，分布遍及地球，从赤道到两极，从河流到沙漠，上至世界之巅珠穆朗玛峰，下至几米深的土壤甚至深海，都有它们的身影。这样广泛的分布，说明昆虫具有惊人的适应能力，也是昆虫种类繁多的生态基础。

图 3-18　亚尖雅大蚊

（二）螯肢亚门（Chelicerata）

已知现生有 7.9 万多种。包括蛛形纲（Arachnida）的蜘蛛、蝎子、蜱、螨；肢口纲（Merostomata）的鲎；海蜘蛛纲（Pycnogonida）的海蜘蛛。该亚门体分节，分头胸部和腹部（螨的分隔不可见），表皮有甲壳素和蛋白质。口器前具螯肢，可用于摄食，蜘蛛螯肢的螯爪酷似獠牙，可从中向猎物注入毒素。该类群的食性多样，从捕食性、寄生性到植食性、腐食性均有。

1. 蛛形纲（Arachnida）

蜘蛛是我们生活中常见的节肢动物之一。蜘蛛除了具有典型的 8 条腿特征，它的身体分为头胸部和腹部两部分。蛛形纲不仅仅是蜘蛛，还有很多其他 8 条腿的节肢动物，现生蛛形纲有 16 个目，如无鞭目（Amblypygi）的无鞭蛛，腹部体节较宽，无尾鞭，昼伏夜出；盲蛛目（Opiliones）的盲蛛，主要分布在潮湿的土壤或洞穴中；鞭蝎目（Palpigradi）的鞭蝎……蛛形纲种类主要为陆生，有些种类可以栖息在陆地的淡水水域或近海海域，但几乎没有完全生活在水里的。

（1）蜘蛛目（Araneae）　按照最新的分类系统发育关系分为中纺亚目（Mesothelae）和后纺亚目（Opisthothelae）2 个亚目，共计 38 个总科 111 个科，约 3 800 属，已命名和记录的达 45 000 种。中国蜘蛛 4 500 余种，2017

年出版的《中国蜘蛛生态大图鉴》收录了中国蜘蛛全部已知的71科，种类达1 139种，占中国蜘蛛已知种类的1/4。我国有分布的蜘蛛有跳蛛科（Salticidae）、皿蛛科（Linyphiidae）、圆蛛科（Araneidae，也写作园蛛科）、狼蛛科（Lycosidae）、球蛛科（Theridiidae，亦称姬蛛科、球腹蛛科）、平腹蛛科（Gnaphosidae）、蟹蛛科（Thomisidae）、巨蟹蛛科（Sparassidae）、幽灵蛛科（Pholcidae）、圆颚蛛科（Corinnidae）等（图3–19）。

图3–19　菱棘腹蛛

（2）蝎目（Scorpiones） 世界已报道的有15科197属2 069种。分类学家认为蝎的书肺和鲎的书鳃为同源器官，4亿多年前蝎的形态与现生蝎极为相似，因此蝎被认为是节肢动物中最古老的陆生种类。它们的体长通常有3~9厘米，广泛分布在热带、亚热带和温带地区。蝎为夜行性动物，白天在干燥隐蔽处栖息，晚上所有物种在紫外光下都有荧光反应。蝎拥有螯状触肢，尾节特化，具有毒囊和毒针，被蝎蜇伤会迅速引起人的毒害和剧痛反应，蝎毒素甚至能致人死亡，这也是蝎目动物广为人知的一大原因。中国目前有记录的蝎目有 5 科 12 属 54 种，重要的类群有蝎科（Scorpionidae）、钳蝎科（Buthidae）、豚蝎科（Chaerilidae）、真蝎科（Euscorpiidae）、琵蝎科（Scorpiopidae）等。常见种类有马氏正钳蝎（*Mesobuthus martensii*），又称东亚钳蝎，是中国最常见的蝎种；另外，湖北、云南、新疆、西藏均有中国特有蝎的种类分布。

2. 肢口纲（Merostomata）

肢口纲现生种类只有剑尾目（Xiphosura）鲎科（Limulidae）3 属 4 种，其他类群均已灭绝。肢口纲是螯肢亚门唯一拥有复眼的类群。肢口纲的鲎俗称马蹄蟹、夫妻鱼、鸳鸯鱼、爬上灶等。鲎的祖先出现在古生代泥盆纪（距今 4 亿 ~3.6 亿年前），是地球现存最古老的动物之一，被誉为“活化石”。

鲎科（Limulidae）3 属 4 种分别为：

圆尾鲎（*Carcinoscorpius rotundicauda*），亦称红树鲎，分布于东南亚。

美国鲎（*Limulus polyphemus*），亦称美洲鲎、大西洋鲎，从北美洲大西洋海岸（美国东海岸）的西北部至墨西哥湾均有分布。

巨鲎（*Tachypleus gigas*），见于南亚和东南亚。

中国鲎（*Tachypleus tridentatus*），亦称三刺鲎，分布于东亚海岸。

中国海域鲎类的分类学研究始于 1950 年，我国海域分布的鲎类只有 2 属 2 种，分别是圆尾鲎（*Carcinoscorpius rotundicauda*）和中国鲎（*Tachypleus tridentatus*）。中国自浙江到海南沿海地区，包括香港和台湾，曾经有数量巨大的野生圆尾鲎和中国鲎种群分布。但随着 20 世纪 90 年代鲎试剂的引入，大量鲎被捕捞，中国的鲎野外种群急剧减少，种群已岌岌可危。

3. 海蜘蛛纲（Pycnogonida）

海蜘蛛，顾名思义，是生活在海里的“蜘蛛”。其头胸部有 4 对长足，末端有钩爪，酷似蜘蛛，从亲缘关系上看，该类群与真正的蜘蛛也最为接近。海蜘蛛很多种类的体长只有 5~6 毫米，它们身体多为褐色或淡黄色；头胸部前端有口、螯肢、须节，口上面有 4 个小隆起，其上有单眼；腹部不发达，为一小突起。从整体上看，海蜘蛛的身体很细弱，几乎身体都以足为主，故名全足、皆足动物。海蜘蛛纲仅有 1 目——海蜘蛛目（Pantopoda），下属 10 科约 1 400 种。海蜘蛛纲种类不少，但在中国研究不多。最早开展分类学研究的是原北平研究院动物研究所的陆鼎恒先生，报道了胶州湾等地的海蜘蛛类。新中国成立之后，赵汝翼于 1955 年曾报道在大连采集到 1 种海蜘蛛。其后中国海域的海蜘蛛类分类学长期处于沉寂状态，直到 1992 年 Bamber 报道了香港海域的 3 个种。根据 2008 年调查结果统计，中国海域的海蜘蛛纲共有 5 科 9 属 10 种。

（三）甲壳亚门（Crustacea）

甲壳亚门（Crustacea）现生有 6.8 万多种，我国早期的甲壳动物分类学研究报道可以追溯到 20 世纪 30 年代。甲壳亚门分为 6 个纲，已知包括鳃足纲（Branchiopoda）的丰年虾、蝌蚪虾、水蚤；颚足纲（Maxillopoda）的藤壶、鱼虱、舌形虫；桨足纲（Remipedia）的穴甲虫；头虾纲（Cephalocarida）的马蹄虾或头虾；介形纲（Ostracoda）的介虫、海萤；软甲纲（Malacostraca）的龙虾、蟹、磷虾等。

1. 鳃足纲

鳃足纲多为淡水生活的小型种类，小于 1 毫米到十几厘米均存在。鳃足纲的胸足可以调节身体渗透压，协助取食和运动。该纲现生种类 6 目 900 多种；我国的海洋枝角类动物的分类学研究最早于 1966 年开展，截至 2008 年，我国海域的鳃足纲已记载 9 科 20 属 35 种。鳃足纲中如枝角目的水蚤为淡水池塘中常见种类，枝角目是著名的浮游动物，体内含有丰富的蛋白质和脂质，是鱼类的天然饵料；背甲目的鲎虫，又被称为蝌蚪虾、三眼恐龙虾，有宽大的背甲和细长腹部，尾叉长而分节，生活在季节性活水池塘中，常见于春季稻田和水沟；无甲目的卤虫，又被称为丰年虾、仙女虾，分布于沿海盐田及内陆咸水湖中，卤虫的无节幼体作为水产动物饵料应用已有 200 多年的历史。

2. 颚足纲

颚足纲多在海水中生活，体短，胸部、腹部体节 10 节以下，胸肢双肢型，腹部无附肢。由桡足类、鳃尾类、蔓足类和须虾类等组成。桡足类个体小、种类多，主要分为浮游种类、底栖种类和寄生种类，在海洋生态系统物质和能力流动中占据重要地位。我国是在新中国成立后才开始系统地开展桡足类分类学研究的。我国浮游桡足类的分类学研究开展较早，底栖和寄生桡足类的分类学研究相对薄弱落后。2008 年《中国海洋生物名录》记录了我国海域桡足亚纲 71 科 191 属 698 种。淡水中常见剑水蚤属于桡足类浮游生物；中华哲水蚤（*Calanus sinicus*）是黄海、渤海和东海的优势种。蔓足类分类学研究最早开始于 1978 年，《中国动物志：蔓足下纲　围胸总目》详细介绍了中国海域的 21 科 74 属 198 种蔓足类动物的形态特征、生态习性和地理分布。藤壶属于蔓足亚纲藤壶亚目，迄今共记录有 8 科约 541 种，中国有 110 多种；藤壶雌雄同体，有着石灰质外壳，成群密集固着在海中岩石、船底甚至在海龟、鲸鱼等动物身体表面滤食生活。

3. 桨足纲

桨足纲俗称穴甲虫、桨足虫，长相和蜈蚣很像，体长 10~40 毫米，最多有 42 个体节，每个体节有游泳附肢。

4. 头虾纲

头虾纲俗称头虾或者马蹄虾，体长 2~4 毫米，栖息于海底泥沙中，胸部有 10 个体节，腹部有尾节，共 1 科 5 属 12 种。

5. 介形纲

介形纲（Ostracoda）是一种由碳酸钙质双壳包被 8 对附肢的小型水生动物，一般 1 毫米左右，广泛生活在淡水、咸水及海洋中。因介形类钙质双壳极易保存，介形类成为化石记录最丰富的甲壳动物之一，介形类的化石种，对海底石油资源勘探有重要价值。世界现生种类有 13 000 种，其中非海水

介形类已报道2 330余种。对于中国而言，现代非海水介形类仅报道100多种，且其中亚化石种类与现生种类混淆报道现象严重。确定的是中国现生淡水介形类99种，隶属于3亚目6科40属。自20世纪70~80年代以来，我国陆续对东海近海、南海北部和南沙群岛的浮游介形类进行了调查研究。1995年《中国海洋浮游介形类》一书收录了中国海域的133种浮游介形类；2008年，我国海域介形纲有4科51属178种。

6. 软甲纲

软甲纲是甲壳亚门中最大的类群，包含了80%的种类；也是最高等、形态结构最复杂的纲，主要为海生，从潮间带到1万米以下的深海均有分布，少数栖息于淡水，也有完全陆生的种类，如等足目潮虫亚目的鼠妇。十足目是软甲纲中最大最常见的类群，十足目的中国对虾，又称东方对虾、明虾，是我国的重要食用虾类，也是黄海、渤海的重要水产资源，曾经一度濒临灭绝，现已广泛采用人工饲养。对虾有越冬洄游习性，成体在黄海分散越冬。其他常见虾蟹种类如螯虾、毛虾、中华绒螯蟹、三疣梭子蟹、寄居蟹等均属于十足目。2008年，我国海域软甲纲真软甲亚纲真虾总目十足目枝鳃亚目就记录有7科42属167种，龙虾下目2科20属49种，异尾下目12科72属299种，短尾下目61科383属1 073种等。

我国南海口足类动物口足目有12科42属104种。软甲纲口足目的虾蛄，也就是我们所吃的海鲜皮皮虾。2008年，《台湾虾蛄志》描述了5总科9科28属63种口足类甲壳动物，显示出台湾海域丰富的物种多样性。

《中国动物志：节肢动物门　甲壳动物亚门　糠虾目》，共描述我国软甲纲糠虾目2亚目4科43属112种。2008年记录中国糠虾目2科43属103种，疣背糠虾目2科4属8种。

《中国动物志：端足目》描述了中国海域的14科41属120种浮游端足类；2008年，我国海域软甲纲端足目共有38科130属373种。

我国最早的等足类分类学报道是沈嘉瑞先生于1929年报道的采自中国

北方潮间带的团水虱一新种；2008 年多甲总纲、软甲纲等足目记载有 12 科 99 属 174 种。

我国真虾总目的分类学研究开展得较好。陈清潮于 2008 年列出我国海域软甲纲真软甲亚纲真虾总目磷虾科 7 属 48 种。郑重等于 2011 年撰写的《海洋磷虾类生物学》对我国磷虾类的形态、生态、个体生物学、资源开发利用与保护等方面做了全面的论述。

（四）多足亚门（Myriapoda）

多足亚门亦称单肢亚门。已知现生约有 1.4 万种。包括唇足纲（Chilopoda）的蜈蚣、蚰蜒；倍足纲（Diplopoda）的马陆、千足虫；少足纲（Pauropoda）的蠋蛱；综合纲（Symphyla）的幺蚣。多足动物的四个纲中的两个——倍足纲（马陆）和唇足纲（蜈蚣），囊括了全部多足动物种类中的 95%，你可以在石头下、木头下、树皮下及垃圾和泥土中发现它们的踪影。与昆虫不同的是，它们的外表皮没有蜡质层，并且通过没有闭合的气孔“呼吸”，因此它们大多生活在潮湿的环境中，害怕干燥，且仅在夜晚活动。除此之外，它们没有真正的复眼，没有翅，取而代之的是更多的附肢。多足动物的另外两个纲中，综合纲动物是一些颜色很淡的盲眼动物，看起来像小型蜈蚣，有 12 对附肢，主要以死亡植物的碎屑为生，有些也吃植物的根。少足纲动物更加微小，大约有 2 毫米，有 9 对附肢。这两个纲每一体节上仅有 1 对附肢。

1. 唇足纲（Chilopoda）

本纲已描述种类有 3 300 多种，实际种类估计在 8 000 种以上。唇足纲动物头部有 1 对细长的触角。口器由 1 对大颚和 2 对小颚组成。躯干部的第一体节的步足特化成唇足类特有的颚足，也称毒颚，颚足呈钳状，主要用以捕食。最末体节的步足较长，伸向后方，呈尾状。

唇足纲主要有 5 个目，分别是蜈蚣目（Scolopendromorpha）、石蜈蚣目（Lithobiomorpha）、杯蜈蚣目（Craterostigmomorpha）、地蜈蚣目

（Geophilomorpha）、蚰蜒目（Scutigeromorpha）。唇足纲最有名的是蜈蚣、蚰蜒。其中仅蜈蚣目就分为盲蜈蚣科（Cryptopidae）、蜈蚣科（Scolopendridae）、棘盲蜈蚣科（Scolopocryptopidae）3 科，全世界蜈蚣目已记述 32 属 620 种（CIM，2002），中国有 3 科 5 属 30 种。常见的中大型蜈蚣如少棘蜈蚣（*Scolopendra mutilans*）（L. Koch, 1878）在我国南方地区广泛分布。蚰蜒目的蚰蜒，俗称“钱串子”，经常会出现在居室内部。

2. 倍足纲（Diplopoda）

倍足纲俗称千足虫、马陆。倍足纲得名于它独特的“双体节”——即绝大部分体节是由两个体节愈合形成，每个双体节上有两对足。倍足纲动物身体多呈圆柱形，少数体细长、背腹扁平，体分节 11~300 多节均有。通常为黑色或褐色，有的还有红、黄、橘等鲜艳颜色。体长 2 毫米至 30 多厘米不等。倍足类主要生活在石下、落叶层、树皮或洞穴等阴暗潮湿的环境中，不善运动，但也常在地面缓慢爬行。大多数种类为植食性，有的可捕食小型动物，或取食有机物碎屑。倍足纲一般为负趋光性，受到刺激或干扰时，常蜷曲成环状或球状。许多种类体壁中沉积有碳酸钙，而略坚硬，无蜡质层。大部分体节背板两侧缘有 1 对驱拒腺的开口，其分泌物可能是醛、苯醌、酚，或是氰化物的前体。马陆有特殊气味，即这些分泌物所致。

本纲是多足亚门中最大的一纲，也是陆生节肢动物中除了昆虫纲和蛛形纲中最大的一个纲，现存 16 目 140 科 12 000 多种。中国最早的倍足纲研究是采集自北京近郊的燕山蛩（*Spirobolus bungii Brandt*, 1833），并以此建立了山蛩属。中国倍足纲共记载 12 目 34 科 406 种，中国倍足纲研究中，带马陆目种类最多，共 7 科 201 种，接近中国倍足纲物种总数的 50%。中国倍足纲物种多样性最高的地区是台湾，有 87 种，其次为西南地区的云南、广西、四川和贵州，分别由 30 余种至近 80 种类群分布，南方地区气候温润潮湿且有大面积的亚热带森林和喀斯特地貌，适合马陆生存。

3. 少足纲（Pauropoda）

少足纲也称作少脚纲、蠋蚿纲，是一类古老的小型多足类，体长 0.5~2 毫米，白色或者浅灰色，体呈圆柱形，头部具 1 对双分支的触角，头部两侧各有一圆盘状感觉器，口器由一对大颚及一对小颚组成。躯干部由 11 节组成，其中除第一颈节及最后一节没附肢外，其余 9 节各具 1 对附肢，另有一尾节。背板很大，其两侧各有 1 对长刚毛。该类群种类少，全世界有 2 目 11 科 43 属约 820 种。截至 2015 年，中国已知的少足纲动物有 1 目 4 科 11 属 39 种，它们生活在富含腐殖质的隐蔽的土壤中，以各种真菌菌丝、孢子、植物组织和矿物质为食。

4. 综合纲（Symphyla）

综合纲也称结合纲。综合纲是多足动物中体型较小、种类最少的类群，身体纤细，全身乳白或无色透明，体长 2 ~ 8mm，触角细长丝状，无眼，成虫具 11 对或 12 对足，身体末端具有 1 对尾须。自 1763 年被首次发现以来，全世界已报道 210 余种，隶属 1 目 2 科 13 属。我国综合纲的分类学研究特别欠缺，目前仅记录 3 属 4 种，但在国内土壤动物生态学研究中，综合纲是常见的动物类群。综合纲动物主要栖息在潮湿的土壤及腐殖质层，取食植物根部或腐殖质，一些种被认为是重要的农业害虫和温室害虫，重庆、湖北等地有综合纲动物为害甘蔗、小麦、柚、橙、橘等经济作物，导致植株出现烂根现象，受为害的农业土壤中的虫体密度最高可达 3 万多头 / 米 ^{3}；有报道综合纲卡汉氏幺蚰（*Hanseniella caldaria*）咀食水果苗木根系，导致地上部出现不同程度的缺素症状，常被误诊为缺素，导致果园为害愈发严重，最后严重影响产量。

二、中国其他无脊椎动物多样性

无脊椎动物是一个令人难以置信的、极其多样化的动物大集合，除了没有脊椎这一共同特点外，它们各具特色，拥有从简单到复杂的多种形态和丰富多样的生活方式。

绝大多数无脊椎动物体型较小。但也有例外，如软体动物门头足纲大王乌贼属的动物体长可达 18 米，腕长 11 米，体重约 2 000 千克。

除节肢动物门外，其他无脊椎动物大多水生且大部分生活在海洋中，如有孔虫、放射虫、钵水母、珊瑚虫、乌贼及棘皮动物等，部分种类也生活于淡水，如水螅、某些螺、蚌等，蜗牛等生活于潮湿的陆地。无脊椎动物大多数为自由生活，在水生的种类中，体小的营浮游生活，身体具外壳的或在水底爬行（如虾、蟹），或埋栖于水底泥沙中（如沙蚕、蛤类），或固着在水中外物上（如藤壶、牡蛎等）。无脊椎动物也有很多寄生的种类，寄生于其他动物、植物体表或体内（如寄生原虫、吸虫、绦虫、棘头虫等）。有些种类如蛔蛔虫和猪蛔虫等可给人类带来危害。下面按侧生动物、腔肠动物、扁形动物、蜕皮动物、冠轮动物、软体动物、后口动物分类介绍。

（一）侧生动物的多样性

多孔动物门（Porifera），旧称海绵动物门（Spongia 或 Spongiatia）。

多孔动物（海绵动物）是最原始、最低等的多细胞动物，细胞虽然已开始分化，但没有真正的胚层，更没有组织和器官。传统上认为这类动物在演化上是一个侧支，因此又名“侧生动物”（Parazoa）。海绵动物为原始的水生固定底栖动物，体型多数不规则。体壁有无数的小孔，水流穿过小孔流入囊状的中央腔，再从大的出水孔排出。有一些种类具有由钙质、硅质或几丁质的骨针组成的骨骼作为支撑。海绵动物有惊人的再生能力，并能够进行体细胞胚胎发生。如果把海绵切碎，每一块都能独立生活并继续长大。海绵动物多数种类为雌雄同体。现存有描述的种类约有 10 000 种，主要有钙质海绵纲（Calcispongea）、六放海绵纲（Hexactinellida）、寻常海绵纲（Demospongiae）等 3 个纲。2010~2012 年的两项研究显示，同骨海绵纲（Homoscleromorpha）从寻常海绵纲分出，单独成立一个新纲。我国关于海绵动物的研究集中在海绵动物体内的活性物质，进行研究过的种类有寻常海绵纲 10 目 25 科 96 属，六放海绵纲 2 目 7 科 17 属，钙质海绵纲 1 目 3 科 5 属。结合《中国海洋生物名录》和近几年的研究，截至2020年共记录中国海绵动物47科80属212种。

（二）腔肠动物的多样性

原来的腔肠动物门（Coelenterata）分为栉板动物门和刺胞动物门。海葵、珊瑚虫和水母也许是肠腔动物门中最为人熟知的物种。

栉板动物门（Ctenophora），亦称栉水母动物门，它们与其他水母不同的是触手上无刺细胞，但大多数有黏细胞，栉水母体表具有呈放射状排列的八排栉板。全世界约有 100 种栉水母，其中四五十种尚未被命名，从外表来看，栉水母更像植物，如瓜、梨、球，或像一根扁平的带子，所以人们就用水果蔬菜来给它们命名，比如“海醋栗”“海核桃”“瓜水母”等。在科学分类上，栉水母分为 2 个纲：触手纲（Tentaculata）包括球栉水母目（Cydippida）、兜栉水母目（Lobata）、带栉水母目（Cestida）、扁栉水母目（Platyctenea）；无触手纲（Nuda）包括瓜水母目（Beroda）。栉水母没有心脏、眼睛、耳朵，也没有血液和骨骼，水才是身体的主要成分。多数栉水母无色，在黑暗的环境下，它们会发出不同颜色的荧光。2019 年，中国科学家通过对澄江生物群足杯虫类的系统发生分析研究，发现足杯虫类等底栖固着化石类群是现生栉水母动物的干群，支持栉水母动物和刺胞动物共同起源于底栖固着生物的观点。

刺胞动物门（Cnidaria），身体辐射对称，体壁有表皮和肠表皮两层细胞，其间有中胶层，起支撑作用。刺胞动物以体表具有刺细胞为显著特征。主要是海生，仅有少数淡水物种，如水螅。雌雄同体或异体。现生约有 11 000 种，主要有 8 个纲：珊瑚纲（Anthozoa）、六放珊瑚纲（Zoantharia）、钵水母纲（Scyphozoa）、海鸡冠纲（Alcyonaria）、十字水母纲（Staurozoa）、立方水母纲（Cubozoa）、多足水螅纲（Polypodiozoa）、水螅纲（Hydrozoa）等。此外，原来的黏体动物门（Myxozoa），即黏孢子虫（*Myxosporea*）并入本门，但尚未分级。我国海域刺胞动物种类丰富，《中国动物志》总结了我国管水母亚纲 12 科 29 属 80 种，钵水母纲 16 科 23 属 35 种，海葵目 13 科 38 属 75 种，角海葵目和群体海葵目共 3 科 4 属 34 种，石珊瑚目 14 科 54 属 174 种，水螅虫总纲 2 纲 7 亚纲 82 科 259 属 750 种。2008 年，我国海域水母亚门刺胞动物记录有 93 科 245 属 659 种，珊瑚亚门刺胞动物 21 科 111 属 294 种。

据中国科学院南海海洋研究所发布的《中国造礁石珊瑚状况报告》，中国一共有造礁石珊瑚物种 2 个类群 16 科 77 属 431 种，其中南沙群岛的造礁石珊瑚物种多样性最丰富。礁石珊瑚的现状和未来对于保护海洋生态意义重大。造礁石珊瑚对环境有严格要求，主要分布在南北纬 30° 范围内，在我国从福建、广东、广西直到海南岛、台湾岛和南海诸岛都有分布。

桃花水母是水螅纲（Hydrozoa）淡水水母目（Limnomedusaw）笠水母科（Olindiadae）桃花水母属（*Craspedacusta*）的一类小型水母，已记录 11 种或亚种，国际上承认的桃花水母仅 3 种，中国分布有中华桃花水母和索式桃花水母，原生于长江流域中的索式桃花水母有较多变种、亚种或地理族。桃花水母多在早春桃花盛开季节出现，最早被我国的古人称为“桃花鱼”，在北京、湖北、江苏、福建、四川、重庆、云南等地有分布，生活在清洁的江河、湖泊之中。桃花水母具有较高的观赏价值。

（三）扁形动物的多样性

扁形动物门（Platyhelminthes），开始出现两侧对称和中胚层，实现了三胚层的跨越，但仍无体腔，无呼吸系统和循环系统，有口无肛门。体长为1~250毫米。营自由生活或寄生生活。雌雄同体，有性或无性生殖。已知该门种类约有25 000种，主要有5个纲：涡虫纲（Turbellaria）、吸虫纲（Trematoda）、绦虫纲（Cestoda）、单殖纲（Monogenea）、楯盘纲（Aspidocotylea）。涡虫纲是自由生活的类群，海洋和陆地均有分布，我国学者对涡虫纲零星报道，我国海洋涡虫2目8科24种。吸虫纲和绦虫纲均为寄生类群，寄生于鱼类、哺乳动物和人类体内，吸虫纲复殖目31科535种，我国海域绦虫纲3目5科25种。

除此之外，还有腹毛动物门（Gastrotricha）、轮形动物门（Rotifera）、棘头动物门（Acanthocephala）、颚口动物门（Gnathostomulida）等，在此不再介绍。

（四）蜕皮动物的多样性

蜕皮动物总门除了最大的节肢动物门，还有线虫动物门、线形动物门、有爪动物门和缓步动物门等。

线虫动物门（Nematoda），是假体腔动物中最大的一个门，是最重要的海洋底栖动物之一。多数种类的体型为圆柱形。适应性强，各种自然环境基本都有，甚至包括极端环境。一半以上的种类为寄生性。通常为有性生殖。目前已正式命名约28 000种，但估计有8万~100万种；分为2个纲及5个亚纲：有腺纲（Adenophorea）的刺嘴亚纲（Enoplia）、色矛亚纲（Chromadoria），胞管肾纲（Secernentea）的小杆亚纲（Rhabditia）、旋尾亚纲（Spiruria）、双胃线虫亚纲（Diplogasteria）。2011年海洋鱼类寄生线虫有13科32属91种，2014年渤海、黄海、东海和南海自由生活的线虫有4目36科118属260余种。

线形动物门（Nematomorpha），也叫线形虫门，是与线虫很近似的假体

腔动物，但不同的是线形虫的成虫无排泄器官，消化道退化。体长通常在50~100厘米，甚至有的种类可达2米。目前已发现种类超过350种，预测种类在2 000种以上；大多隶属铁线虫纲（Gordioidea），少数种类为游线虫纲（Nectonematoida）。经常在螳螂体内发现的铁线虫就属于这一类。

（五）冠轮动物的多样性

纽形动物门（Nemertea），与扁形动物类似，它们也是两侧对称、三胚层、无体腔，但具有完整的消化道（即有口和肛门）、有简单的循环系统，而无心脏。身体呈长带形，最长的记录为54米，被认为是世界上最长的动物。前端有单眼和吻，吻可伸缩，用于捕食和防卫。比扁形动物更进化，现在认为它们属于冠轮动物总门（Lophotrochozoa），而不是扁虫动物总门（Platyzoa）。绝大多数为海洋底栖动物。已知大约有1 200种，分为2个纲：无刺纲（Anopla）和有刺纲（Enopla）。2008年，我国海域的纽形动物记录有15科41属74种。

环节动物门（Annelida），原来的星虫动物门（Sipuncula）、须腕动物门（Pogonophora）和被套动物门（Vestimentifera），以及螠虫动物门（Echiura）已并入该门。它们均属于两侧对称、三胚层，传统的环节动物身体分节，具裂生的真体腔。有的具疣足和刚毛，疣足是原始的附肢。具有闭管式循环系统，以及链式神经系统。目前，已知约有23 000种，分为8纲：星虫纲（Sipunculida，即原来的星虫动物门）、多毛纲（Polychaeta）、寡毛纲（Oligochaeta）、蛭蚓纲（Branchiobdellida）、蛭纲（Hirudinea）、吸口虫纲（Myzostomida）、原环虫纲（Haplodrili或Archiannelida），以及螠纲（Echiurida，即原来的螠虫动物门）。原来的须腕动物门和被套动物门（亦称前庭动物门、被腕动物门）的种类作为西伯达虫科（Siboglinidae）归入多毛纲。寡毛纲、蛭蚓纲和蛭纲可能应合并为环带纲（Clitellata）。环节动物、星虫、纽虫和螠虫是典型的蠕虫，星虫和螠虫均为海生，种类较少，但有重要的海产品种类，关于环节动物在中国分布情况，仍然将两者作为两个独立门。2007年，《中国动物志》描述

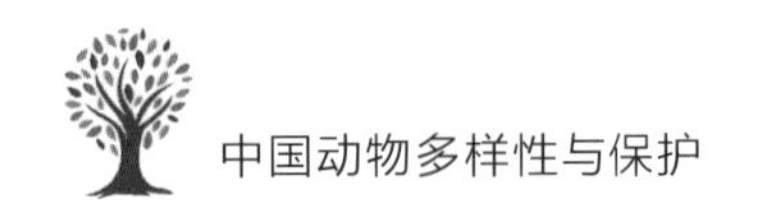

了我国海域的星虫动物门 6 科 13 属 41 种，螠虫动物门 2 科 8 属 11 种。

（六）软体动物的多样性

软体动物门（Mollusca），软体动物是迄今已有记录的种类最多的海洋动物门类，也是仅次于节肢动物的第二大动物门。它们分布广泛、形态多样，据不完全统计，目前有记述的软体动物超过 14 万种，超过一半生活在海洋中。软体动物身体柔软，多为左右对称，多有外壳，无体节，一般有足或腕。消化系统较发达，具有齿舌。多为雌雄异体、体外受精。多种生境均有该类群分布。现生种类分为 8 个纲：尾腔纲（Caudofoveata）、沟腹纲（Solenogastres）（以上 2 个曾组成无板纲 Aplacophora）、多板纲（Polyplacophora）、单板纲（Monoplacophora）、腹足纲（Gastropoda）、头足纲（Cephalopoda）、双壳纲（Bivalvia）和掘足纲（Scaphopoda）。

最早的有关中国海域软体动物报道可以追溯到清朝末年，国外商人和传教士将中国的海产贝壳带回国进行研究并进行了零星记载。20 世纪 30 年代后，秉志、闫敦建和张玺等陆续发表了一些贝类的新种。新中国成立后，我国贝类学工作者开始对中国海洋软体动物进行全面、系统的区系调查和分类学研究，规模的海洋科学调查获取了大量软体动物标本和信息资料，基本厘清了中国近海软体动物的主要类群和区系特点。1961 年出版的《贝类学纲要》成为我国开展系统性的海洋软体动物分类学研究的奠基性文献，2013 年出版的《中国水生贝类图谱》、2017 年出版的《台湾头足类动物图鉴》等对软体动物的鉴定做出了较突出的贡献。迄今，我国已发现软体动物 4 000 余种，其中双壳纲、腹足纲、头足纲的研究较为深入，分别有 78 科 394 属 1 132 种、160 科 617 属 2 554 种、30 科 61 属 125 种，其余类群研究较少。

海洋软体动物已完成《中国动物志》的类群有：头足纲，腹足纲宝贝总科，腹足纲头楯目，腹足纲烟管螺科、腹足纲马蹄螺总科、腹足纲鹑螺总科、腹足纲芋螺科、腹足纲凤螺总科和玉螺总科，双壳纲贻贝目，双壳纲原鳃亚

纲，双壳纲异韧带亚纲，双壳纲帘蛤科，双壳纲珍珠贝亚目，双壳纲满月蛤总科、心蛤总科、厚壳蛤总科、鸟蛤总科，双壳纲樱蛤科、双带蛤科。

（七）后口动物的多样性

棘皮动物门（Echinodermata），是一个古老的门，最早出现于寒武纪，已灭绝的纲就多达 17 个，现存种类通常分为 5 个纲：海百合纲（Crinoidea）、蛇尾纲（Ophiuroidea）、海星纲（Asteroidea）、海胆纲（Echinoidea）和海参纲（Holothuroidea）。棘皮动物的身体呈辐射对称，但幼虫却是两侧对称，它们的胚胎形成方式和脊索动物一样，虽然貌似非常原始，但却是包括人类在内的脊索动物的近亲。它们作为后口动物，也是无脊椎动物最高等的类群。目前已知现生种有 7 000 余种，化石种则超过 13 000 种。2008 年，中国棘皮动物有 87 科 289 属 588 种，其中，中国海域棘皮动物有 591 种，海百合纲 44 种，海星纲 86 种，蛇尾纲 221 种，海胆纲 93 种，海参纲 147 种。

半索动物门（Hemichordata），也是无脊椎动物中的一个高等类群，但也很古老，最早出现于寒武纪早期。寒武纪时期灭绝的笔石纲（Graptolithina）也隶属于本门。半索动物有着脊索动物的原始形态，例如前肠长出的口索(所谓不完全的脊索)。身体分为吻（吻管）、领（颈部）和躯干 3 部分。全部生活在海洋中。现生的主要有肠鳃纲（Enteropneusta）、羽鳃纲（Pterobranchia），也有依据幼虫提出浮球纲（Planctosphaeroidea）。已知约有 100 种，其中 80% 为肠鳃纲，如柱头虫（*Balanoglossus*）；羽鳃纲则有头盘虫、无管虫等。半索动物在系统演化中是无脊椎动物向脊椎动物发展演化的重要研究对象，具有较高的科研价值，我国 20 世纪 30 年代首次在青岛发现鳃肠类动物柱头虫——黄岛长吻虫，是我国第一种半索动物，也是一个新种。2008 年，记录我国海域 3 科 5 属 7 种半索动物，其中，黄岛长吻虫和多鳃孔舌形虫目前是国家一级重点保护野生动物，其余 5 种为国家二级重点保护野生动物。

三、中国无脊椎动物保护

无脊椎动物在大自然中扮演着重要角色，是生态食物链必不可少的环节，如无脊椎动物中“人丁兴旺”的环节动物，在淡水和海洋生态系统中它们是捕食线虫、端足动物的好手，但同时又是鱼、虾、蟹的美味佳肴；又如红虫，淤泥里分解有机碎屑，净化水质，同时作为水中鱼虾的天然饵料为养殖业做出了巨大贡献。无脊椎动物还是众多植物和农作物繁殖过程中的“红娘”，它们的飞行和取食帮助大量植物传播花粉，是极其重要的类群，种类繁多的蝇类、蝴蝶、蛾子、蜂类、甲虫、蓟马，以及其他无脊椎动物对人类是十分有益的，譬如蜜蜂传粉对提高各种水果和浆果的产量和质量至关重要，同时蜜蜂还能提供蜜蜂产业维持众多蜂农的工作和生计。无脊椎动物如蟋蟀、黄蛉等鸣虫提供各种社会和文化价值，更重要的是维持了生物多样性和生态系统的长期稳定性；土壤中的蚯蚓在疏松土壤、改良土壤理化性质、分解有机物中的作用无可比拟。无脊椎动物中的软体动物如乌贼、章鱼、牡蛎，甲壳动物中的小龙虾、大闸蟹都是很多人无比热爱的美食。甲壳动物的外壳还能够提取甲壳素，制成能够直接被人体吸收的手术用纱布及手术缝合线，还可制作人造血管、人工皮肤、止血剂等，还衍生出水处理产品、保健食品、农作物生长促进剂等一系列产品。药物也少不了无脊椎动物的踪迹，除了中药，还有手术后恢复或者烫伤等治疗的药物康复新液就是利用美洲大蠊提取物制造并被广泛应用。

我们的衣食住行，生活的各个角落都充满了无脊椎动物们的身影。有人曾说，如果一夜之间所有的脊椎动物从世界上消失了，世界仍然会安然无恙，但如果消失的是无脊椎动物，整个生态系统就会崩塌。

（一）昆虫“挡风玻璃”现象

低斑蜻是一种翅有八颗色斑、特别秀气漂亮的蜻蜓。20 多年前每年 4~5 月的时候，低斑蜻曾在华东、华北地区广泛分布，时常出没于各种水边。然而在 21 世纪初，中国境内，乃至全世界范围内低斑蜻突然难觅踪迹。昆虫学家研究发现，全球气候变暖，很多其他种类的蜻蜓也在早春羽化，这种弱小的生物丧失了最有利的优势，因此大量消失。2006 年，世界自然保护联盟（IUCN）在对低斑蜻这一物种进行全球评估时，曾预估其数量不足 5 000 只，因此被列为极度濒危（CR）级保护物种，这也是中国已知约 800 种蜻蜓中唯一编入 IUCN 红色名录 CR 级别的物种。低斑蜻比我国当年旗舰物种大熊猫的濒危级（EN）还要高出一个等级，但与其他的濒危脊椎动物相比，作为昆虫的它少有人知，一直默默无闻。

生态学界提出过一个“挡风玻璃现象”，汽车在公路上疾驰，昆虫尸体的痕迹会布满挡风玻璃。然而近些年撞上挡风玻璃的小飞虫越来越少，甚至根本不需要再清理。德国科学家们 1989~2016 年连续 27 年观测收集数据显示，飞行昆虫数量总体下降了 76%，在排除天气、植被变化和其他因素的相关性后，他们发现，下降趋势仍在继续，2016 年夏季，这一比例达 82%。昆虫学家推测爬行昆虫的情况也许更加严峻。我们目前已知的昆虫有 100 余万种，有许多种类尚待发现就有可能已步入“无声的灭绝”行列。

中国一直有着极为丰富的生物多样性资源，在乡村生活过的读者肯定见过夏日夜晚灯下到处飞舞的昆虫，但是也许这些昆虫里面，就有一些种类我们永远再也无法了解。

（二）无脊椎动物的保护

1988 年，我国颁布了《中华人民共和国野生动物保护法》。在《国家重点保护野生动物名录》中，受到一级保护的无脊椎动物有 6 种，二级保护的有 17 种。昆虫纲中金斑喙凤蝶（*Teinopalpus aureus*）和中华蛩蠊（*Galloisiana sinensis*）属于国家一级保护昆虫，国家二级保护昆虫有尾铗虮，宽纹北箭蜓、中华缺翅虫、墨脱缺翅虫、拉步甲、硕步甲、彩臂金龟、叉犀金龟、双尾褐凤蝶、中华虎凤蝶、阿波罗绢蝶。除昆虫外，库氏砗磲、鹦鹉螺、多鳃孔舌形虫、黄岛长吻虫为国家一级重点保护野生动物，虎斑宝贝（黑星宝螺）、冠螺、大珠母贝、佛耳丽蚌等为国家二级重点保护野生动物。

2021 年，最新公布的《国家重点保护野生动物名录》中也明确给出了无脊椎动物中需要重点保护的种类。半索动物门肠鳃纲中，多鳃孔舌形虫和黄岛长吻虫是国家一级重点保护野生动物，三崎柱头虫、青岛橡头虫等 5 种柱头虫是国家二级重点保护野生动物；节肢动物门昆虫纲中中华蛩蠊、陈氏西蛩蠊、金斑喙凤蝶为国家一级重点保护野生动物，尾铗虮、10 种叶䗛、2 种春蜓、2 种缺翅虫、中华旌蛉、32 种甲虫、23 种蝶共 74 种昆虫均被列入国家二级重点保护野生动物。节肢动物门除了昆虫，捕鸟蛛、海南塞勒蛛，剑尾目的中国鲎、原尾蝎鲎，十足目的锦绣龙虾野外种群 4 种也归入保护范围；软体动物门和刺胞动物门中，在原来的库氏砗磲（现更名为“大砗磲”）、鹦鹉螺基础上，红珊瑚科所有种被列为国家一级重点级保护野生动物，珍珠贝科、砗磲科、珍珠蚌科、田螺科 14 科 37 种，角珊瑚目、石珊瑚目、苍珊瑚科所有种被列为国家二级重点保护野生动物。

无脊椎动物作为自然资源的宝藏群体，被纳入一级和二级重点保护的种类相比脊椎动物少得多。在 2017 年，修订《“三有”名录》（2000 年 8 月发布的《国家保护的有益的或者有重要经济、科学研究价值的陆生野生动物名录》），对无脊椎动物保护做出了很大的补充和保护，包括中华蜜蜂、中华蟾蜍和犀金龟等种类。2005 年出版的《中国物种红色名录 · 无脊椎动物卷》评估了中国分布的 1 100 多种受威胁的无脊椎动物种的资料数据，并分析了砍伐森林、不断开垦荒地作为农业用地等造成的栖息地、生境的破坏和破碎化，加之人类滥捕乱猎、非法贸易、传统医药利用、食用等各种人为干扰，

以及动物自身的遗传多样性丧失等造成了大量物种的消失。

目前我国无脊椎动物保护策略主要是通过保护栖息地进行多样性保育工作，通过保护寄主植物，避免生物入侵，人工饲养补充野外种群等措施开展物种丰盛度的保育。中华蜜蜂（简称中蜂）是中国土生土长的优良蜂种，分布在从东南沿海到青藏高原的30个省市，已经饲养有3 000多年的历史。但随着意大利蜜蜂的引进，中国本土蜜蜂不断被侵占栖息地，中国蜂类多样性也受到了很大的影响。为了保护中蜂，野生中华蜜蜂已被列为《“三有”名录》。我国已经设立中国五大中蜂保护区，分别是长白山中蜂保护区、湖北神农架中蜂保护区、沂蒙山国家级中华蜜蜂保护区、蕉岭县国家级中华蜜蜂保护区、江西上饶国家级中华蜜蜂保护区。保护和利用相结合，通过建立原始中蜂资源保存库，有效保护我国的本土蜜蜂的资源，发展相关产业。

仅占海底面积1‰的珊瑚礁，为人类已知25%的海洋生物提供着赖以生存的家园，珊瑚是构建地球上生物多样性最丰富也是最脆弱的生态系统的框架性生物。但近年来，在人类活动和气候变化的双重影响下，不同地区的造礁石珊瑚覆盖率出现下降，多地区的造礁石珊瑚群落结构发生退化。人类活动被认为是中国南海造礁石珊瑚退化的主要因素。1989年，农业部就将“红珊瑚”列为国家一级重点保护野生动物并出台系列保护措施。随后，据《中华人民共和国野生动物保护法》，将《濒危野生动植物种国际贸易公约》（CIETS公约）中规定的角珊瑚、石珊瑚、柳珊瑚和苍珊瑚按照国家二级重点保护野生动物进行保护，养育、经营和利用都必须经过特别批准。2017年1月1日起正式实施《海南省珊瑚礁和砗磲保护规定》，严厉打击经营珊瑚礁、砗磲及其制品的违法违规行为。2019年，被誉为“海底热带雨林”的珊瑚，有了全国性保护联盟——中国珊瑚保护联盟，这是中国继长江江豚、中华鲟、中华白海豚、斑海豹、海龟之后，第6个水生野生动物的全国性保护联盟。

我们人类也是自然界中的一个成员，认识野生动物，认识我们人类自己，了解并且与其他生命和谐共处，保护物种多样性，让自然界中的生物都有自由生活的权利，不相互打扰，是我们对自然、也是对我们人类自己最大的温柔。

第四章

中国野生动物保护现状

一、中国野生动物生存现状

由于历史和现实的原因，我国野生动物从过去到现在所遭受到的破坏和当前面临的威胁都是严重的。而我国是从20世纪50年代开始科学地开展野生动物保护工作的，特别是近二三十年，随着我国生物多样性严重损失，以及生态环境的日益破坏都促使人们不得不重新审视对野生动物保护工作的重视程度。

随着全球工业化进程及城镇化和全球化高速发展，人类在对环境利用和生态资源的占用方面达到了一个全新的高度，尤其是野生动物市场呈现出的迅速扩张和急速商业化的态势，给全球可持续发展和野生动物保护带来了严峻的挑战。由于生态环境的破坏和不合理开发自然资源的情况日益严峻，还有滥捕盗猎，使得我国野生动物的栖息环境和生存境况面临着巨大的威胁。因此，要深刻认识到保护野生动物的重要性，并采取有效措施加强野生动物的监管和保护工作（图4-1~图4-4）。

图4-1　白掌长臂猿

图4-2　大灵猫

图 4-3　滇金丝猴

以我国国家一级保护鸟类绿孔雀来说，原本曾广泛分布于我国南方的多个省份，但由于人类干扰、栖息地的侵占和人为猎杀，导致绿孔雀的栖息地严重破碎化，绿孔雀的种群数量也在迅速减少，现在的野生绿孔雀仅存于云南局部地区。根据 2019 年的统计调查，中国现存的野生绿孔雀数量仅剩 235~280 只，现已被云南省列为极危物种。绿孔雀是自古以来就在我国分布的真正的本

图 4-4　冠斑犀鸟

土孔雀，然而由于其本身性成熟时间漫长，繁殖率低，产卵量较少，这也就意味着绿孔雀如果处于濒危境况的话，它们的种群数量恢复过程会很缓慢，在栖息地缩减和人为干扰不断加剧的情况下，绿孔雀的未来可谓是岌岌可危。加之2018年我国云南省绿孔雀种群密度最高的红河流域中上游地区传出要修建水电站的消息，如果水电站建成蓄水完毕，势必会将绿孔雀的栖息地淹没，进而导致绿孔雀区域性加速灭绝。好在民间环保组织“自然之友”以保护珍稀动植物为由将水电站施工方及环评方告上法庭，要求停建水电站，该案件持续在各大新闻媒体上占据着热点话题，也因此被广大公众所热议。由于处于社会舆论的风口浪尖，又在各方舆论的强压下，终于在2020年3月20日昆明市中级人民法院对“云南绿孔雀一案”公益诉讼案做出一审判决，要求立即停止嘎洒江一级水电站建设项目。该案是全国首例针对野生动物保护的预防性民事公益诉讼案件。此次的案件体现出有越来越多的人开始关注野生动物的濒危境况，与此同时越来越多的人愿意参与野生动物保护。值得欣慰的是，绿孔雀迎来了希望的曙光，但还有很多不为人知的濒危物种正默默地走向灭绝。2019年年底人们迎来一个不好的消息，素有“中国淡水鱼之王”的长江白鲟从2003年至今一直未见其踪迹，科研人员在2019年12月23日发布了长江白鲟已灭绝的消息，但是据中国水产科学研究院长江水产研究所首席科学家、研究员危起伟博士表示，2005~2010年长江白鲟或已灭绝。这个消息一经发布，迅速引起社会各界乃至国际上的关注，世界自然保护联盟（IUCN）也迅速开展对其全面的评估。根据世界自然保护联盟对于“灭绝”的定义，“灭绝”是一个数量的概念，它是指确定某一物种的最后一个个体已经死亡后才能宣布该物种的灭绝。而对于大多数野生动物而言，想要准确获得一个物种最后的个体是否存活着实困难。目前我国长江生态系统中现存的旗舰物种还有中华鲟和长江江豚等，但它们的实际情况十分严峻，属于濒临灭绝的物种。

中国的野生动物资源虽然丰富，但数量不多，其主要原因在于草场超载

过牧，绿地退化严重；森林面积狭小，野生动物栖息地破碎化；不断发展扩大的环境污染问题；对动植物资源过量开发利用；偷猎、盗猎珍稀濒危动植物现象屡禁不止；渔业资源被过度捕捞导致资源衰退；外来物种入侵，对本土物种产生的威胁；旅游、采矿、围垦湿地等其他人为活动造成的不利影响。还有很多其他综合性因素，例如执法不严等都会直接或间接地导致野生动物资源受到来自各个方面的威胁。

二、各类保护名录及受威胁等级评估与更新

世界自然保护联盟（IUCN）受威胁物种红色名录于 2020 年更新信息后，评估了全球 128 918 个物种，其中 35 765 个物种面临灭绝威胁。世界自然保护联盟将物种分为 9 个级别，根据数目下降速度、物种总数、种族分散程度和地理分布等准则分类，将等级分为灭绝、野外灭绝、极危、濒危、易危、近危、无危、数据缺乏、未予评估等级别。主要向公众及决策者反映保育工作的迫切性，并协助国际社会来避免濒危物种走向灭绝。然而我国的保护物种名录很长一段时间几乎没有更新，直到 2021 年 2 月 1 日，《国家林业和草原局　农业农村部公告》（2021 年第 3 号）中公布了最新版本的《国家重点保护野生动物名录》（以下简称《名录》），此次《名录》共收录野生动物 980 种和 8 类，其中有国家一级重点保护野生动物 234 种和 1 类、国家二级重点保护野生动物 746 种和 7 类。该版本《名录》与 1989 年 1 月 14 日首次发布的相比有很多改进，首先是保护范围上面向低等野生动物进一步扩大。新增了腹足纲、肢口纲、水螅纲、软甲纲、软骨鱼纲、蛛形纲、硬骨鱼纲、圆口纲和文昌鱼纲等 9 个纲；其次是最新的《名录》增加了 517 种野生动物，其中两栖纲、硬骨鱼纲和昆虫纲新增种类较多，而哺乳动物纲新增的种类较少，亦说明我们在原来重视哺乳动物保护的基础上，还应该重视哺乳动物以

外的其他物种类群的生存现状，毕竟自然环境是一个有机的整体，应该多重考量权衡所有濒危物种的境况才能做出综合的分析，尤其是两栖纲的物种对于所处环境有极高的依赖和适应性，所有两栖纲动物都是水质环境的指示动物，因此两栖纲动物对于评估自然环境显得尤为重要。此外，原《名录》中所有物种悉数全部保留，其中有多种原国家二级重点保护野生动物升级为国家一级重点保护野生动物，其中包括驼鹿、长江江豚、白冠长尾雉等。而蟒蛇、北山羊、熊猴这 3 种野生动物因种群稳定，在我国分布范围广泛，由国家一级重点保护野生动物调整为国家二级重点保护野生动物。我国《名录》的调整是极为严谨的，在整个评估的过程中相关部门不仅要广泛收集资源数据并对重点物种开展相应的资源调查，之后要经过多次的科学评估、研讨和讨论及论证，还要向各个相关部门和社会各界公开征求建议形成最终调整方案报审，待获得国务院批准后才能向公众发布信息。此次是继 1989 年以来对《名录》进行的首次大规模调整，可以说是中国在野生动物保护历史中的一个里程碑式的事件，也为野生动物在未来的科学保护工作奠定了强大的基础（图 4–5、图 4–6）。

图 4–5　长江江豚

图 4-6　海南坡鹿

三、实施动物多样性保护行动

（一）常规与制度保护

生物多样性的保护是一个严谨而系统的工程，既需要人民群众的共同努力，更需要国家的大力扶持，还有相应的法律法规的颁布，一切皆是为了更好地保护自然资源。首先，要加强人们对野生动物的保护意识，建立自然宣传教育职责体系，呼吁各级人民政府加强野生动物保护的科学知识普及和宣传教育，支持并鼓励基层群众、自治组织、企事业单位、社会组织及社会各界志愿者开展野生动物保护法律法规的宣传活动，要让公众了解野生动物资源在生态系统中起着不可替代的重要作用。其次，要加强校园里的自然科普基础教育，自然教育应该纳入小学、中学及大学的教材，学校也应该配备专业的教师并配套专门的图书和课程，确保学生接受科学、正确的野生动物保护的知识。除了走进校园进行自然科学教育以外，还要求对相关的执法部门及养殖业人员和宠物机构进行全面规范的野生动物知识教育和培训，致力于提高基层从业人员的专业素养，在掌握自身的专业技能的同时还要掌握相关的法律法规，目的就是要确保相关从业人员能够识别入侵物种、掌握如何正确鉴定物种、了解国家重点保护的野生动物的种类，从而避免在从业过程中出现乱放生及定种混乱的情况。各个宠物行业相关人员应该做到在售卖前明确该宠物是否涉及违反相应的法律法规、是否属于国家重点保护野生动物的范围。与此同时，还要明确各类宠物是否可以野外放生，避免因放生造成对于入侵物种的本地引入，从而破坏当地的生态环境。最关键的还是要加强调查监管的力度，各个自然保护区当中调查监管是最基础的工作，只有了解了区域环境的内部资源分布情况,才能对现有动物资源进行有效的保护与管理。可以发起鼓励公众共同监督野生动物案件，设立相应的奖励机制，激发社会大众参与的热情，从而建立全国统一的野生动物案件举报电话和网络平台，各级政府、公安机关应该积极和野生动物监管部门之间进行密切关注与合作。因此，推进修订及完善现行的法律法规是有效保护生物多样性有力的行动之一。

我国现有较为系统的野生动物保护法律法规。颁布的有关生物多样性保护的政策和法规已有 30 多项，与野生动物保护相关的主要有 :《中华人民共和国动物防疫法》《中华人民共和国渔业法》《中华人民共和国野生动物保护法》《中华人民共和国进出境动植物检疫法》等，其中《中华人民共和国野生动物保护法》是最为重要的一个,从 1988 年第一次颁布之后历经 4 次修改，在不断地强调野生动物资源性的同时，更要侧重对作为资源的野生动物的合理利用。例如，在 2016 年的立法目录中删除了对于野生动物利用这部分的内容,但是确立了“优先保护、规范利用、严格管理”的原则,从捕猎、交易、利用、运输、食用野生动物的各个环节在规范利用这方面做出了规定。但由于我国野生动物利用市场的扩张，利益关系之间存在错综复杂的关系链，该项法规如何去规范利用，在实施操作环节上仍然有很多的空白与漏洞。

目前，除了我国现有的一些野生动物保护相关的法律法规，以及不断更新的国家重点保护野生动物名录作为野生动物保护的参考，在 2020 年 2 月 24 日第十三届全国人民代表大会常务委员会第十六次会议上通过了《全国

人民代表大会常务委员会关于全面禁止非法野生动物交易、革除滥食野生动物陋习、切实保障人民群众生命健康安全的决定》，该决定将有效地维护生态安全和生物安全，积极地防范重大公共卫生风险，加强生态文明建设，促进人与自然和谐发展。其中明确了凡是《中华人民共和国野生动物保护法》中禁止捕猎、运输、交易及食用的野生动物，必须严格禁止，如有违反则加重处罚；全面禁止食用“三有”保护的野生动物（即有重要生态、科学、社会价值的陆生野生动物），全面禁止以食用为目的的捕猎、交易、运输在野外环境自然生长繁殖的陆生野生动物。

在国际上，我国将野生动物保护分类和名录积极地同国际公约接轨，在野生动物名录分类与管理上也同众多国际公约条例、附录如《生物多样性公约》《保护迁徙野生动物物种公约》《濒危野生动植物物种国际贸易公约》《卡塔赫纳生物安全议定书》《关于获取遗传资源和公正公平分享其利用所产生惠益的名古屋议定书》等密切结合，在确保体现中国特色的同时，与国际公约精神和理念相一致，从而确保并提高了中国野生动物保护方面的国际化水平。

（二）科学研究与科普宣传保护

科学技术是保护和持续利用生物多样性的基础，我国的野生动物资源丰富，应该深入发展相应的研究。2019 年由科学技术部、财政部批准认定了 30 个国家科技资源共享服务平台，形成了“国家标本资源库”，主要依托于中国科学院动物研究所，包括 13 家共建单位：中国科学院昆明动物研究所、中国科学院上海生命科学研究所、中国科学院成都生物研究所、中国科学院水生生物研究所、中国科学院西北高原生物研究所、中国科学院海洋研究所、中山大学、中国农业大学、西北农林科技大学、南开大学、中国科学院南海海洋研究所、河北大学和新疆大学。整合以上的动物标本资源是为了实现通过实体馆、门户网站等方式向社会进行资源共享，意在通过整合我国动物标本资源，制定、完善平台标准规范，从而组成先进的动物学研究队伍和高质量的动物标本管理，更好开展动物标本的收集、整理、制作、保藏、研究等工作。与此同时还完成了对我国标本资源的数字化建设，提高相应的科学管理水平，实现动物标本资源在国家建设、科学研究和科学普及等方面的服务功能。建立国家标本资源库主要也是为了加强重要物种及其遗传资源的保存和研究。目前国内各个研究所、博物馆、大学、公益机构等都承担起了向公众科普野生动物保护的责任，目的是提高全民对野生动物保护的认识，让更多的人了解野生动物资源保护的真实价值，使全民重视、理解、支持并参与保护工作，亦可通过中小学教育、高等教育等有关环境课程来开展这方面的科普活动，并充分发挥各地的动物园、博物馆、标本馆和保护区的科普教育作用,使远离自然环境的城市居民了解野生动物资源与人类生活的密切关系，提高保护野生动物的重要性认识。

近年来国家的整体政策方针也着重于发展生态文明建设，习近平总书记更是着重强调了良好生态环境是普惠民生的最佳福祉,人们发展经济是为了民生。保护生态环境同样也是为了民生，习近平总书记所发表的有关重要论述都在阐明生态环境对于民生改善的重要地位，因此野生动物保护就成为落实习近平总书记生态文明思想的重点之一。加强公众对于野生动物的了解与认识是一项基础性工作，近年来国家着重发展科普教育。想要提升全民科学知识水平，至关重要的一点就是抓教育，所以更要大力推进科学教育并弘扬科学精神，力争在方方面面引入生态保护知识并传播人与自然和谐发展的理念。

（三）国际交流合作

我国有许多生物多样性丰富的区域地处边境,还有众多跨国迁徙的物种，由于海域广阔、海岸线长又受到洋流和季风的强烈影响，因此我国与邻国和地区开展合作，达成了很多双边或多边合作协定，并积极参加、认真实施各项国际公约，为的就是促进全球的野生动物保护工作。与此同时可以通过国际交流共享科学信息，为全球性生物多样性保护做出贡献。

第五章

中国野生动物保护成果

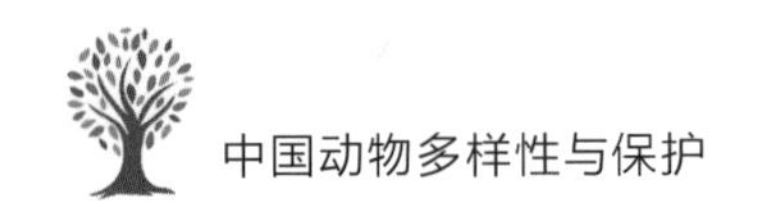

一、中国野生动物多样性保护

地球是一颗美丽的蓝色星球。她的美丽不仅仅在于蔚蓝的色彩，更在于其孕育的诸多生命。地球已经存在了46亿年，最早的生命记录出现在38亿年前。虽然生命诞生的高光时刻对于地球世界有着非凡的意义，但那时的生命一定是不起眼的星星点点。美国著名生物学家、生物多样性研究领域的领袖人物、美国国家科学院院士爱德华·威尔逊（Edward O. Wilson）甚至大胆预测地球的所有生物可能接近1亿种，而绝大部分是动物。从生命初始到如今纷繁复杂生态系统的形成，这个过程就是演化。

（一）中国的动物多样性

物种演化的结果，使生命的形式愈加丰富多彩。我们现在用“生物多样性”（Biodiversity）这一概念来诠释地球上生存的所有物种（Species），以及这些物种的所有基因或遗传多样性、它们所生活的生态系统的多样性。

在5.42亿年前的寒武纪，现代生物中所有的“门”一级的早期雏形奇迹般地在地球上出现了，这就是著名的寒武纪大爆发时期。如今，已被科学描述的动物物种约150万种，科学家估计现生动物的物种总数在500万~1 000万种，甚至更多。

虽然野生动物物种丰富，但并非均匀分布于世界各地，绝大多数的物种分布于热带和亚热带地区，占全球陆地面积7%的热带雨林容纳了全球半数以上的物种。我国幅员辽阔，地形、气候条件复杂，由于独特的自然历史条件，特别是第三纪后期以来，受冰川影响较小，使我国保留了许多北半球物种。受青藏高原隆起影响，我国西南山地受冰期影响较小，许多物种得以幸存。冰期过后，我国西南地区成为诸多动物类群辐射演化的发源地，这也是我国生物多样性非常丰富的原因之一。我国与巴西、印度尼西亚、哥伦比亚、厄瓜多尔、秘鲁等 12 个国家并称为生物多样性特丰富的国家。

我国政府十分重视中国物种资源家底的调查和整理工作。1959 年、1962 年、1973 年先后成立了《中国植物志》《中国动物志》和《中国孢子植物志》编辑委员会。自 1978 年第一本《中国动物志　鸟纲第四卷　鸡形目》面世后，目前已经出版了 140 余卷，《中国动物志》的编研是有史以来首次摸清我国动物资源家底的一项系统工程，是反映我国动物分类区系研究工作成果的系列专著。40 余年过去了，虽然面临着分类学工作者后继乏人、分类体系变动较大、编写工作难度较大且绩效评价不高等因素的影响，我们依然期待这部巨著的完全面世。

在中国科学院生物多样性委员会的组织下，由中国科学院战略先导专项（A 类）“地球大数据科学工程”（XDA19050202）支持的《中国生物物种名录》（2021 版）已于 2021 年 5 月编辑完成，并于 2021 年 5 月在北京正式发布。《中国生物物种名录》（2021 版）共收录物种及种下单元 127 950 个，包括物种 115 064 个，种下单元 12 886 个。其中，动物界 56 000 种，植物界 38 394 种，真菌界 15 095 种（图 5-1~ 图 5-4）。

图 5-1　虎斑颈槽蛇

图 5-2　西藏山溪鲵

图 5-3　金雕

图 5-4　遗鸥

一个国家的生物物种名录不仅可以直接反映国土上物种资源情况，还能体现这个国家生物多样性的丰富程度。因此及时更新生物物种名录对于生物多样性研究和保护与利用实践都十分重要。尽管近年来对生物多样性的关注日益增强，但仍有许多物种尚未被发现，需要进一步对各个地区进行生物资源调查和研究。《中国生物物种名录》(2021 版)数据表明，2020 年在中国新发现脊椎动物物种 105 个，包括新种 98 个，国家级新记录 7 个。其中，鱼类 25 个新种、两栖类 40 个新种和 1 个新记录、爬行类 28 个新种和 5 个新记录、鸟类 1 个新种、哺乳类 4 个新种和 1 个新记录。中国十分重视生物多样性大数据工作，也是全球唯一一个每年都发布生物物种名录的国家。

(二)指示种、伞护种、旗舰种与保护生物学

自从智人创造人类文明以来，人类活动就对地球产生了巨大的影响。特别是在过去的几百年时间中，人类活动对于生态环境的影响已经超越了以往所有自然历史时期。诺贝尔化学奖得主保罗·克鲁岑认为，人类已不再处于全新世了，已经到了“人类世”(The Anthropocene)的新阶段。也就是说，

他提出了一个与更新世、全新世并列的地质学新纪元——“人类世”。

20世纪70年代，人类开始重新重视人类经济活动对自然环境的污染和野生物种的生存压力。随着人口急剧膨胀引发环境问题的日益突出，人们意识到，我们正在面临前所未有的生物多样性丧失。在这种历史条件下，保护生物学应运而生。保护生物学是为了保护现存物种和生态系统的综合性、多学科交叉的研究领域。这门学科有三个方面的主要目标：完整记录地球上的生物多样性；调查人类活动对物种、遗传变异和生态系统的影响；建立可操作的方法来阻止物种灭绝，维持物种种群的遗传多样性，保护和恢复生物群落及它们的生态功能。

生物多样性保护是保护生物学的核心内容。生物多样性包括物种多样性、遗传多样性和生态系统多样性等三个方面。物种多样性反映了演化的幅度及物种对特定环境的适应。遗传多样性对于任何一个物种生殖活力的维持、抗病性及环境变化的适应都十分重要。生态系统多样性来源于全部物种对多种环境的适应。沙漠、草原、湿地、森林中的生物群落维系了相应生态系统功能的完整性，这一点极其重要。

保护野生动物物种、保护物种在不同地理区域中的种群是属于保护物种多样性和遗传多样性的范畴。要做到物种及遗传多样性的保护，生态系统多样性的保护就显得尤为重要。指示种、伞护种、旗舰种的运用通常可以作为解决保护生物学问题的捷径。在我国，指示种、伞护种、旗舰种的运用通常会吸引公众对野生动物保护的关注，进而提升公众对野生动物保护、野生动物栖息地保护的关注度。

在保护生物学的研究中，鉴于一些物种与其他类群之间在生态特征、生境需求的相似性，保护生物学家常常运用某一物种或某一类物种作为“代理种”来研究物种保护及生境管理中的问题。如果细分“代理种”，可以包括指示种、伞护种和旗舰种。

指示种是指在生物学或生态学特征可表征其他物种或环境状态所具有的

物种或一类物种，可包括生物多样性指示种和环境变化指示种。这类指示种应用较多，如淡水虾、海龟类、某些昆虫、两栖爬行类和鸟类类群均作为各种不同类型状态的指示种。

伞护种是指其所生存的生态环境能够覆盖很多其他物种。伞护种得到了有效的保护，那么在伞护种栖息地生存的其他物种也得到了保护。因此，伞护种的概念往往被运用于以生境保护为目的。只有当伞护种不存在局地灭绝的风险时，它作为伞护种的作用才是有效的。所以，伞护种往往应该选择一些非濒危物种，如东非塞伦盖蒂稀树草原中生存的塞伦盖蒂白须角马。

旗舰种主要是用来引起公众对其保护行动的关注，通过关注一个旗舰种和它的保护需求，便于管理和控制大面积生境，这不仅仅是为了这些备受关注的物种，而且是为了其他影响力较小的物种。旗舰种应该能够在公众层面为其保护活动聚焦关注，如大熊猫、川金丝猴（图 5–5）等。

在保护生物学的研究中使用代理种时，应首先明确保护的对象、目的和目标。明确研究目的，制定合理的标准并谨慎地选择代理种，才能有效地将指示种、伞护种、旗舰种的使用作为捷径来研究区域生物多样性状况，才能对野生动物保护、野生动物栖息地保护带来积极有效的作用。近年来，保护生物学的研究中心从单一物种的保护转移到了对物

图 5–5　川金丝猴

种栖息地及生态系统的保护。我国政府对大熊猫、川金丝猴、虎、雪豹等旗舰物种的保护起到了重要的作用。自然保护区和国家公园的建立就是基于对野生物种及其栖息地的保护。目前，我国的各类自然保护区已接近 3 000 个，占陆域国土面积已超过 15%。这些自然保护区的规划、布局与完善，为我国野生动植物的保护提供了基础。2020 年，我国已经建立 10 个国家公园体制试点单位，这种超大面积的自然保护地对于生态廊道的修复、物种基因多样性的保持、生态系统服务功能的完善将发挥巨大作用。

二、中国野生动物保护实例

在人类活动影响全球变化的背景下，许多物种已经丧失或正在丧失在地球生存的机会和权力，因此野生动植物保护工作应运而生。尽管野生动植物保护工作困难重重、任重道远，但是各国政府和科研工作者都在积极参与拯救和保护野生动植物的工作中。就地保护和迁地保护是物种保护的两种基本形式。野生动物保护的目的是维持自然界的生物多样性，从而保证各个维度上生态系统的健康和持续发展。对于大多数野生动物物种来讲，在其栖息地保护现有种群是最理想的方式,这种保护是最基础和有效的保护,被称为“就地保护”。

在野生动物保护工作中，有些时候需要将濒危动物迁移到人工环境中实施保护，这种保护方式被称为“迁地保护”。事实上，对于有些濒临灭绝的野生动物，迁地保护无疑提供了最后一套保护方案，如黑足鼬、阿拉伯大羚羊、鸮鹦鹉等物种，都是迁地保护的成功案例。当然，许多物种是兼用了就地保护和迁地保护两种方式,同样获得了成功,如 1981 年被重新发现的朱鹮。而麋鹿、普氏野马的再引入工作，也是属于迁地保护的范畴，只不过当时欧洲人获得这些活体运往欧洲的目的并非出于保护。

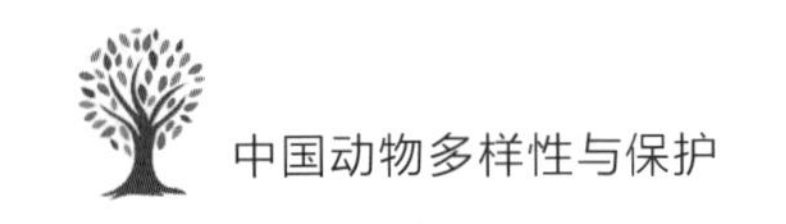

在我国，对于野生动物的成功保护案例不少，列举以下几个代表物种：

1．大熊猫

大熊猫是我国的国宝，是具有悠久历史的动物，就其祖先问题目前尚未有令人信服的定论，关键是从已知的古食肉类化石中未能找到与其有直接联系的祖先，但是可以确定它的祖先应该是来自上新世或更早的与熊科祖先相近的一种古食肉类动物。随着时间的流逝，大熊猫经历了地质、气候、环境的急剧变化，顽强地生存了下来。其食性也从食肉变为食竹。

大熊猫的发现者是一位来自法国的天主教传教士——阿尔芒·戴维德（Fr Jean Pierre Armand David）神父。阿尔芒·戴维德生于1816年，中文名叫谭卫道，他的家乡在法国巴斯克地区的艾斯佩特拉。1862年2月，46岁的戴维德作为巴黎天主教遣使会派往中国的传教士、法国国家自然历史博物馆和法国科学院通讯员、英国皇家动物学会通讯员从法国马赛港登上了前往中国的海船。这位神父在中国工作期间非常投入地进行博物探索活动，命名了许多动植物，包括川金丝猴、麋鹿、珙桐等。1869年2月，戴维德神父来到邛崃山深处的邓池沟大教堂。1869年3月11日戴维德神父在当地老乡家见到了一张黑白相间的毛皮，这引起了他的注意。主人告诉他这是生活在这里的花熊。大约10天后，当地的老乡送来了一只死亡的花熊幼仔。1869年4月1日，戴维德神父又从猎人手里获得了一只花熊活体。戴维德给巴黎自然历史博物馆的报告以及米勒·爱德华兹馆长长达27页的鉴定书，发表在该馆1870年的学报上，结论说明这是世界罕有的动物新种，初定名为“黑白熊”。后来将其定名为大熊猫（Giant Panda）（图5-6）。

历史上，大熊猫在我国有着广泛的分布，曾在全国14个省、区、市的48个地点挖掘出大熊猫的化石。大熊猫分布区的急剧减缩是近一二百年的事。时至今日，大熊猫的数量仅为1 800余只，残存在我国西部6个面积不大，相互之间很少有连接的或者可以说是基本上已隔离的块状分布区中。破碎的栖息地又进一步把它们分隔为20多个相互隔离的孤岛性小群体。对于大熊

图 5-6　大熊猫

猫而言，不但没有可供扩展的生存空间，而且日益过度的森林采伐还在继续降低着它们生境的质量。

2015 年 2 月 28 日，国家林业局举行新闻发布会，公布全国第四次大熊猫调查结果。调查结果显示，截至 2013 年年底，全国野生大熊猫种群数量达 1 864 只，圈养大熊猫种群数量达到 375 只，野生大熊猫栖息地面积为 258 万公顷，潜在栖息地 91 万公顷，分布在四川、陕西、甘肃三省的 17 个市（州）、49 个县（市、区）、196 个乡镇。为拯救大熊猫，中国政府几十年来投入了大量的人力、物力和财力，先后在大熊猫分布区建立了 67 个自然保护区，总面积达 33 118 平方千米。我国政府对于国宝大熊猫的保护堪称用心良苦。

作为活化石的大熊猫是否已走到进化历史的尽头？针对这个问题，中国科学院动物研究所魏辅文院士团队于 2006 年在学术刊物 *Current Biology* 发表的封面文章结果表明：大熊猫现生种群仍然保持着较高的遗传多样性和长期持续的进化潜力。目前的研究工作已表明，大熊猫并不是处于自然衰亡的阶段，而是由于外因使其处于临危的处境。如果人类可以对大熊猫的栖息环境加以适当重视的话，大熊猫这一世界人民喜爱的物种会伴随人类共同生存下去。

2．朱鹮

朱鹮曾广泛分布于东亚地区，在20世纪初都属于常见的鸟类。后来由于人类活动的影响、栖息地的丧失、农药的使用，以及战乱等原因，朱鹮在20世纪80年代初先后在朝鲜、苏联和日本灭绝或野外灭绝。中国，自然成为野生朱鹮的唯一生存地。1978年，中国科学院动物研究所刘荫增等科研人员担负起了寻找朱鹮的重任。在随后的三年时间里，科研团队沿着朱鹮曾分布的吉林长白山山脉寻觅，途经燕山、中条山、吕梁山、大别山，始终没有发现朱鹮的身影。随后一再扩大寻觅范围，北起黑龙江兴凯湖，南至海南岛，西自甘肃东部，东临海岸线。行程5万千米，走过13个省份，足迹踏遍大半个中国，终于在1981年5月23日，在陕西省洋县姚家沟找到了世上仅存的7只朱鹮，这是当时全球唯一的野生种群。

随后，在我国各级政府、科研工作者和当地老百姓的共同努力下，在陕西省洋县开展了卓有成效的就地保护工作。朱鹮在1981年被重新发现后，洋县政府马上成立了朱鹮保护观察站，专门负责对朱鹮的保护。2005年洋县朱鹮保护观察站升级为陕西汉中朱鹮国家级自然保护区。保护区的工作人员对朱鹮的保护工作进行了广泛的宣传，基本杜绝了人们对朱鹮的捕猎。洋县政府在朱鹮活动区禁止捕猎、禁止开荒、禁止砍伐、禁止使用农药。保护区对朱鹮繁殖区的部分湿地投放了泥鳅，增加了朱鹮的食物资源。为了尽快恢复朱鹮的数量，中国政府还开展了迁地保护工作，在洋县建立了朱鹮饲养场，在北京动物园建立了笼养种群，在周至县楼观台的陕西省珍稀野生动物抢救饲养研究中心圈养了朱鹮种群，并将朱鹮送到日本和韩国分别建立种群。在洋县的种群初步恢复后，又在陕西省宁陕县和河南董寨自然保护区建立了

图 5-7　朱鹮

再引入种群。这些国内外的再引入种群都在发展壮大过程中。

朱鹮对生境比较挑剔，需要在浅水型的湿地进行觅食，同时需要高大乔木进行营巢或夜宿。类似的生境非常适合人类居住，在过去已经完全被人类占据。朱鹮逐步适应了人类存在的湿地环境，依靠人类的稻田及旁边的湿地生存。1981 年人们在海拔 1 200 米的山区发现了最后 7 只朱鹮。随着保护力度的加强，朱鹮逐步从高海拔的山区回到它最适应的生境，到 1999 年繁殖地的平均海拔降到了 800 米，在 2020 年已经几乎遍及海拔 400 米的汉中盆地。野生朱鹮种群不断壮大。到 2000 年，朱鹮在洋县及其附近的巢数超过 500 个，全球总数超过 5 000 只。朱鹮的状态由 IUCN 红色名录中的极度濒危降级为濒危。中国，成功拯救了一个物种（图 5-7）。

3．麋鹿

麋鹿原产于我国长江、黄河中下游沼泽地带。汉朝末年，由于栖息地丧失与捕猎增加，麋鹿数量锐减。元朝时，蒙古士兵将残余的野生麋鹿从黄海滩涂运到大都（北京），供皇族子孙们骑马射杀。至此，麋鹿野外种群消失。清朝初期，中国境内最后一群麋鹿放养在北京南海子皇家猎苑。1865 年，法国传教士阿尔芒·戴维德到北京南苑考察，发现了麋鹿，并获得麋鹿标本，将其运到法国巴黎自然博物馆，经科学鉴定，确定是一个单型属的新物种。1866 年后，英国、法国、德国、比利时等国的驻清公使及教会人士通过明索暗购等方式，从北京南海子猎苑运走几十只麋鹿，饲养在各国动物园中（图 5–8）。

1894 年，永定河河水泛滥，南苑围墙被冲垮，逃散的麋鹿被饥民猎杀用以果腹。1900 年，八国联军侵入北京，南海子麋鹿被西方列强劫杀一空。至此，麋鹿在中国本土灭绝。由于环境不适应等原因，圈养于欧洲动物园的麋鹿种群规模逐渐减小。从 1898 年起，英国贝福特公爵陆续将饲养在各国动物园中的 18 只麋鹿悉数买下，放养在占地 7 410 平方米的乌邦寺庄园内。第二次世界大战时，乌邦寺庄园的麋鹿数量达到 255 只，为躲避战火，乌邦寺开始向世界一些大的动物园转让麋鹿。截至 1983 年年底，全世界麋鹿数量达到 1 320 只。

1985 年中国启动了麋鹿重引入项目，来自英国乌邦寺庄园的 22 只麋鹿

图 5–8　麋鹿

被运抵北京大兴南海子（其中两只运抵后直接转运至上海市动物园），并建立了北京麋鹿生态实验中心（又称麋鹿苑）。1987 年又引入 18 只，麋鹿苑两次引入共计 38 只（5 ♂，33 ♀）。同期，另有 39 只麋鹿（13 ♂，26 ♀）于 1986 年从英国伦敦等地的动物园引至江苏大丰的黄海滩涂，并建立了江苏大丰麋鹿国家级自然保护区。为实现麋鹿引入第二阶段目标，即恢复自然种群，同时减少麋鹿种群数量压力，北京麋鹿苑制定了迁地保护规划，将部分麋鹿输出至湖北石首市的长江天鹅洲湿地，当地为此建立了湖北石首麋鹿国家级自然保护区。此后，北京麋鹿苑每年向全国各地输出麋鹿。截至 2020 年年底，北京麋鹿苑共计输出麋鹿 546 只。1998 年，长江洪水，湖北石首麋鹿国家级自然保护区内散养的麋鹿遭遇了洪水，据统计共有 34 只外逃，其中 11 只外逃至石首市杨坡坦湿地，23 只泅水横渡长江至石首市三合垸湿地；另外有 5 只随洪水漂流到湖南省洞庭湖湖区，后续又有一些麋鹿来这里定居。1998 年 11 月 5 日，国家选定在大丰实施有计划的野生放养试验。大丰麋鹿保护区挑选了 8 只麋鹿开展首次麋鹿野化放归试验。放归的麋鹿很快适应了野外环境，成功进行自然繁殖。此后，为继续优化野生麋鹿种群结构，从 2002 年开始，大丰麋鹿保护区又多次进行麋鹿野生放养，通过实地观测，截至 2020 年已经发展成为 1 820 只麋鹿的野外种群。 2018 年 4 月 3 日，由北京麋鹿苑输出的 30 只麋鹿与鄱阳湖国家湿地公园的 17 只麋鹿混群，一起被野放至鄱阳湖湖区。2019 年 3 月对鄱阳湖野放麋鹿进行调查，种群数量已达到 50 多只，并呈现从鄱阳县向湖区其他县市湿地扩散的趋势。

麋鹿经历了本土野外灭绝、圈养种群引至国外、国外圈养种群重引入国内、种群复壮、迁地保护、放归野外，最终建立野生种群的历程。中国麋鹿野生种群的重建是野生动物迁地保护和回归自然的典范，为全球野外灭绝野生动物种的保护贡献了中国智慧。

4．普氏野马

普氏野马野生种群灭绝前曾分布在我国的新疆、甘肃、内蒙古及蒙古国的居延海地区，栖息于海拔 1 000~2 000 米的草原和半荒漠草原地带，常结成 5~20 只的小群。普氏野马野外自然种群已几十年没有得到生存的确凿证据，中国最后一次发现的记载是 1957 年在甘肃肃北县捕捉的一匹野马。据苏联记载，1969 年最后一次在蒙古见到野马之后就再没有野马生存的确切消息。1980~1982 年，中国科学院曾组织力量进行野马和野骆驼的大规模考察，行程 30 000 千米，虽然发现了一些线索，但是始终没有发现野马生存的确凿证据。苏联和蒙古国同样进行过多次联合考察，也未发现野马的活动踪迹。

1876 年 7 月，波兰地理学家普来瓦斯基带领探险队在我国新疆发现并捕捉了一匹野马。经过科学鉴定，新疆发现的野马被定为一个新种，并以发现者普来瓦斯基的名字命名，学名为普氏野马，也因此成为世界上仅存的一种野马。普来瓦斯基在 19 世纪末首次把普氏野马从中国带到国外饲养，经过各国动物园 1 个世纪的精心饲养，野马才得以免遭绝种之灾。根据 1988 年国际野马谱系公布的数据，1987 年全世界共有饲养野马 797 匹，分别圈养在 26 个国家的 112 个动物园中，目前圈养野马的数量已超过了 1 200 匹。

为了使普氏野马重归自然，恢复我国的动物多样性资源，1985 年我国从德国和英国交换引进了 11 匹普氏野马饲养于新疆。之后我国又引进了 5 匹野马饲养于甘肃，并分别在新疆和甘肃建立了吉木萨和武威野马饲养繁殖中心。经过了十几年的饲养繁殖，回归中国的野马数量已有了较大增长。2001 年 6 月，由新疆林业局自然保护区办公室、野马饲养繁殖中心等部门组织专家对准备首批放归野外的野马进行选址，经过多次实地考察和论证，确定乌伦古河南岸，卡拉麦里自然保护区北部的自然环境较好，拥有水源和较为多样的植被类型，又处于保护区之内，利于管理、监测与保护。2001 年 8 月 28 日，27 匹普氏野马在故乡新疆首次放归自然。

自首次放归之后，我国又多次组织普氏野马放归野外。截至目前，在我国新疆卡拉麦里自然保护区已出现 5 群共计 80 余匹的野放种群，这是继麋

鹿之后我国又一项成功开展的重引入与野化工作。

5．东黑冠长臂猿

在20世纪50年代，东黑冠长臂猿被宣布野外灭绝。直到2002年，野生动植物保护国际（Fauna & Flora International, FFI）在越南北部高平省重庆县的喀斯特森林中重新发现东黑冠长臂猿。2006年5月，广西大学周放教授在我国广西靖西市邦亮林区录到了东黑冠长臂猿的叫声。随后，中越跨边境保护工作开启。当地政府针对邦亮林区采取了紧急保护措施，包括消除烧炭、开荒等人为活动。2007年9月，中越两国开展联合调查，共发现18群约110只东黑冠长臂猿。

2009年7月，广西壮族自治区人民政府批复建立广西邦亮东黑冠长臂猿自治区级自然保护区，保护区总面积6 530公顷。2013年12月25日通过国务院办公厅批复正式晋升为国家级自然保护区。保护区成立以来，就以监测巡护、社区参与及与越南保护区建立联合保护等多种方式加强对东黑冠长臂猿及喀斯特季雨林的保护。

2016年9月，中越两国再次开展联合调查，调查结果为21~22群129~136只，中国境内4群26只。时至今日，在我国出现的东黑冠长臂猿共5群33只，其中的1群完全生存在我国境内，其余4群则在中越国境线上穿梭。由“缤纷自然”拍摄的纪录片《方舟·东黑冠长臂猿》是世界上首部关于东黑冠长臂猿的纪录片，该片获得中国野生生物视频年赛大奖，影片把世人的眼球聚焦到这种濒危的野生动物身上。中山大学范朋飞教授的科研团队在广西邦亮卓有成效的科研工作、民间环保组织“云山保护”对东黑冠长臂猿的宣传教育和调查工作，以及当地保护区与越南高平重庆自然保护区的联合保护工作令东黑冠长臂猿的未来充满希望。

6．藏羚羊

藏羚羊是青藏高原的特有物种，主要分布于新疆阿尔金山、青海可可西里和西藏羌塘的高原无人地区，栖息于海拔4 000~5 500米的高寒草甸、高寒荒漠草原及高寒荒漠等环境中。藏羚羊的绒毛轻柔无比，用藏羚绒制成的披肩叫作“沙图什”（Shahtoosh），1 米宽的沙图什披肩仅重 100 克，可以从戒指中穿过，因此又叫“戒指披肩”。藏羚绒的价格比黄金还贵，国际市场上每千克的价格合 14 万元人民币，而沙图什披肩则以每条 16 000 美元的价格在国外时装店中出售。正因为藏羚绒贵如黄金，沙图什披肩柔软轻滑，一时间成为西方权贵炫富的象征，也因此导致藏羚羊成为偷猎者疯狂猎杀的目标。自 20 世纪 80 年代开始的疯狂盗猎行为，使藏羚羊的数量从 20 世纪初的近百万只迅速下降到 7 万只左右（图 5-9）。

仅以青海可可西里为例，被称为“可可西里骄傲”的藏羚羊就生活在这里。1992 年以前，随着藏羚绒纺织制品沙图什披肩在西方的走俏，可可西里每年至少有 2.5 万只藏羚羊遭到猎杀。1992 年，青海省治多县委为保护和拯救

图 5-9　藏羚羊

可可西里的自然资源成立了西部工作委员会，治多县县委副书记索南达杰任第一任书记。1994 年 1 月 18 日，索南达杰和 4 名队员在可可西里抓获了 20 名盗猎分子，缴获了 7 辆汽车和 1 600 张藏羚皮，在押送歹徒行至太阳湖附近时，遭盗猎分子袭击，中弹牺牲。1995 年 5 月，时任玉树藏族自治州人大法制工作委员会副主任的扎巴多杰辞职，重建西部工委，并成立了一支共计 64 人的武装反偷猎队伍，命名为“野牦牛队”。从此，“野牦牛队”与盗猎分子展开了激烈的武装斗争。“野牦牛队”自 1995 年成立至 2000 年撤并共破获盗猎案件 60 余起，查获藏羚皮近 9 000 张，反盗猎成绩举世瞩目。

1998 年 12 月，国家林业局宣布了《中国藏羚羊保护白皮书》，呼吁国际社会通力合作保护藏羚羊。1999 年 4 月国家林业局组织新疆、青海、西藏三省区林区、公安和环保部门联合行动，打击日益猖獗的盗猎活动。自国家林业局组织三省区展开大规模的反盗猎活动以来，藏羚羊保护引起了全国和国际社会的广泛关注，来自 20 多个国家的代表在西宁举办了“藏羚羊保护及贸易控制国际研讨会”，藏羚羊分布国、制品加工国和贸易消费国联合发表了旨在保护藏羚羊的《西宁宣言》，联合加强了在加工国、销售贸易国打击非法进行藏羚绒及其制品贸易活动的力度，使可可西里周边地区非法捕杀藏羚羊等珍贵濒危野生动物、非法收购、窝藏运输、加工珍贵濒危野生动物产品的犯罪率比过去下降了 70%，藏羚皮黑市价格也暴跌。

30 年的保护工作，使我国藏羚羊的种群数量得以恢复。青藏铁路的建设，也因野生动物廊道的建设而最大限度地减少了对包括藏羚在内的当地野生动物的影响。2016 年，世界自然保护联盟（IUCN）宣布，在最新评估的《世界自然保护联盟濒危物种红色名录》中，大熊猫、藏羚羊的濒危等级下调。这表明，我国政府对于大熊猫、藏羚羊的保护得到了国际社会的权威认可。

中国的野生动物研究、保护和宣传工作从未停止。20 世纪初，近代动物学奠基人秉志、陈桢、陈世骧等一大批爱国青年留学归国开展动物学研究工作，开创了中国近代动物学的先河。新中国成立后，特别是在改革开放之后，科学的春天真正到来，科研、保护工作步入正轨。1981 年，中国科学院动物研究所刘荫增等在陕西省洋县重新发现了朱鹮，把这一物种从灭绝的边缘拉了回来；1990 年，中国科学院动物研究所张荫荪等在内蒙古鄂尔多斯高原中部的桃力庙 – 阿拉善湾海子首次发现遗鸥的最大繁殖种群，并确立了遗鸥的独立物种地位；1999 年，中国科学院动物研究所尹祚华、雷富民等在辽宁大连长海县石城乡一个无人岛屿上首次发现了黑脸琵鹭繁殖地；中国猫科动物保护联盟宋大昭团队在陕西省和顺县对华北豹进行长期监测与保护；北京大学吕植教授团队在青海三江源对雪豹进行监测、研究与保护；北京师范大学冯利民副教授团队对东北虎、豹进行监测与保护等。近年来，新闻媒体中不断出现的诸如“大熊猫野外放归”“长江白鲟灭绝”“云南绿孔雀案”“东北虎完达山一号”“亚洲象北上”等事件也显示了我国政府和民众对于野生动物保护的关注。2017 年 10 月 18 日，中共中央总书记习近平在十九大报告中指出，坚持人与自然和谐共生。建设生态文明是中华民族永续发展的千年大计。必须树立和践行绿水青山就是金山银山的理念，坚持节约资源和保护环境的基本国策。

参考文献

[1] 刘凌云，郑光美．普通动物学．4 版．北京：高等教育出版社，2009.

[2] 张劲硕，张帆．国家动物博物馆精品研究——动物多样性．南京：江苏凤凰科学技术出版社，2014.

[3] 张劲硕，张帆．国家动物博物馆精品研究——脊索动物．南京：江苏凤凰科学技术出版社，2014.

[4] 费梁．中国两栖动物图鉴．郑州：河南科学技术出版社，2020.

[5] 田婉淑，江耀明．中国两栖爬行动物鉴定手册．北京：科学出版社，1986.

[6] 李成，谢锋，江建平，等．中国关键地区两栖爬行动物多样性监测与研究．生物多样性，2017，25（3）：246–254.

[7] 王剀，任金龙．中国两栖、爬行动物更新名录．生物多样性，2020，28（2）：189–218.

[8] 江建平，谢锋，臧春鑫，等．中国两栖动物受威胁现状评估．生物多样性，2016，24（5）：588–597.

[9] 陈阳，陈安平，方精云．中国濒危鱼类、两栖爬行类和哺乳动物的地理分布格局与优先保护区域——基于《中国濒危动物红皮书》的分析．生物多样性，2002，10（4）：359–368.

[10] 蒋志刚．中国脊椎动物生存现状研究．生物多样性，2016，24（5）：495–499.

[11] 周婷，李丕鹏．中国龟鳖物种多样性及濒危现状．四川动物，2002（2）：463–467.

[12] 蔡波，王跃招，陈跃英，等．中国爬行纲动物分类厘定．生物多样性，2015，23（3）：365–382.

[13]《国家重点保护野生动物名录》. 野生动物学报，2021，42（2）：605-640.

[14] 王军，陈明茹，谢仰杰 . 鱼类学 . 厦门：厦门大学出版社，2008.

[15] GENE S. HELFMAN，et al. The Diversity of Fishes. Wiley-blackwell，2009.

[16] 张俊杰,鄢庆枇 . 我国鱼类资源的危机和保护 . 水利渔业,2007,27（2）:55-57.

[17] 严鑫，成必新，杨绍荣 . 鱼类栖息地保护与修复措施研究 . 绿色科技，2020（18）：16-22.

[18] 娄保锋，张亦驰 . 长江流域水环境监测发展及展望 . 水利水电快报，2020，41（2）：54-59.

[19] 国家重点保护野生动物名录 . 野生动物学报，2021，42（2）：605-640.

[20] 陈阅增，张宗炳，冯午，等 . 普通生物学 . 北京：高等教育出版社，1999.

[21] 成庆泰 . 中国鱼类系统检索（上、下册）.（第一版）. 北京：科学出版社，1987.

[22] JI Liqiang, et al. China Checklist of Animals, In the Biodiversity Committee of Chinese Academy of Sciences ed. , Catalogue of Life China: 2020 Annual Checklist, Beijing, China.

[23] 美国不列颠百科全书公司编著 . 张辰亮，译 . 不列颠图解科学丛书——无脊椎动物 . 北京：中国农业出版社，2012.

[24] 拉尔夫 · 布克斯鲍姆 . 无脊椎动物百科 . 陈丽芳，译 . 北京：中信出版社 ,2021.

[25] 尹涛 . 农田生态系统弹尾虫多样性及其环境指示作用研究 [D]. 哈尔滨：黑龙江大学 ,2011.

[26] 邸智勇 . 中国蝎目分类区系与马氏正钳蝎部分功能基因分析 [D]. 武汉：

武汉大学 ,2013.

[27] 张志升 . 中国蜘蛛生态大图鉴 . 重庆：重庆大学出版社 ,2017.

[28] 廖永岩, 洪水根, 李晓梅 . 中国南方海域鲎的种类和分布 . 动物学报 ,2001（01）:108–111.

[29] 申效诚 . 中国昆虫地理 . 郑州：河南科学技术出版社 ,2015.

[30] 彩万志 . 普通昆虫学 . 北京：中国农业大学出版社，2001.

[31] 张浩淼 . 中国蜻蜓大图鉴 . 重庆：重庆大学出版社 ,2018.

[32] 张巍巍 , 李元胜 . 中国昆虫生态大图鉴 . 重庆：重庆大学出版社 ,2011.

[33] 李新正 , 寇琦 , 王金宝，等 . 中国海洋无脊椎动物分类学与系统演化研究进展与展望 . 海洋科学 ,2020,44（07）:26–70.

[34] 吴宝铃 . 中国的海绵动物 . 生物学通报 ,1954（04）:16–20.

[35] 张丽荣，孟锐，金世超，等 . 实施最严格的野生动物保护 . 中国环境管理：中国现状与改革方向，2020，2：5–19.

[36] 牛鹏，刘露 . 野生动物保护的检查监督 . 河南牧业经济学院学报，2021,2（186）：55–61.

[37] 付昌健, 邱焕璐, 宇佳 . 中国绿孔雀濒危现状及其保护 . 野生动物学报，2019,40（1）:233–239.

[38] 温利华，刘红耀 . 河北省温室气体和大气污染物协同控制机制研究 . 现代农村科技，2021（4）：95.

[39] 梁成陆 . 野生动物保护的意义及举措 . 动物科学，2021（10）:184–185.

[40] 刘济滨 . 我国重点保护两栖爬行类 . 生物学通报，1994（2）:24–29.

[41] 巩会生，曾治高，宋团谱，等 . 佛坪自然保护区两栖爬行动物的组成与分布 . 西北林学院学报，2012,27（3）:122–126.

[42] 国家重点保护野生动物名录 . 野生动物学报，2021，42（2）：605–640.

Abstract

With a vast territory and rich species, China is the only large country that spans two geographic zones of zoology. On her 9.6 million square kilometers of geographic landforms, one can find plateaus of frozen soil, mountain forests, Gobi deserts, plains, grasslands, and river/lake wetlands. There are various types of forest vegetation, ranging from cold-temperate coniferous forests to warm-temperate coniferous and broad-leaved mixed forests, temperate deciduous broad-leaved forests, subtropical evergreen broad-leaved forests and tropical rain forests. The Palaearctic realm areas and the Oriental realm are divided by the Himalayas, Hengduan Mountains, Qinling Mountains and Huaihe River, forming distinctive habitats for "Southern and Northern animals" . The Palaearctic realm includes several distinctive geographic regions such as Northeast China, Inner Mongolia, Xinjiang, and the Qinghai Tibet Plateau, forming cold and dry habitats for the "Northern China animals" ; the Oriental realm contains the hills of Central China, Jiangnan water towns and the world' s biodiversity hotspots- Southwestern Mountains, which constitute the "Southern China animals" habitat with a warm and humid climate. What needs to be pointed out is that the emergence of the third pole of the world, the Qinghai-Tibet Plateau, provides a unique habitat type for the plateau fauna of China.

China is one of the world' s 12 countries with particularly rich biodiversity. The area from the east of the Himalayas to Qinling Mountains and Huaihe River is an effective natural barrier, which has become the dividing line between the two major zoogeographic zones. As China is the the only country that spans

two geographic regions of animals, research on the abundance of wild animals in China has always attracted the attention of scientific researchers and wildlife lovers around the world. With the development of scientific research, the increase of scientific research projects and funding, the understanding of animal taxonomy, the application of molecular biology technology, the large-scale use of infrared cameras in the past ten years and the substantial increase in the population of wildlife enthusiasts, wild animal species, populations and their living areas in China are becoming clearer than ever before.

China’s wildlife research, protection and publicity work have never stopped. At the beginning of last century, patriotic young people such as Bing Zhi, Chen Zhen and Chen Shixiang,Who later became the founders of modern zoology, returned from overseas to carry out scientific research work, modernizing China’s zoology. After the founding of the new China, especially after the reform and opening up policy, the spring of science has truly arrived, and scientific research and wildlife protection have been put on the right track. In 1981, Liu Yinzeng and others from the Institute of Zoology, Chinese Academy of Sciences, rediscovered the crested ibis in Yangxian City, Shaanxi province, and brought this species back from the brink of extinction; in 1990, Zhang Yinsun and others from the Institute of Zoology, Chinese Academy of Sciences discovered the largest breeding population of relict gulls for the first time, and established the status of an independent species of relict gulls in the center of the Ordos Plateau, Inner Mongolia; in 1999, Yin Zuohua and Lei Fumin of the Institute of Zoology, Chinese Academy of Sciences, discovered the black-faced spoonbill breeding ground on a deserted island in Shicheng town, Changhai county, Dalian city, Liaoning province; the long-term monitoring and protection of North China leopards by Song Dazhao's team from China Feline Conservation Alliance in Heshun County,

Shaanxi Province; the monitoring, research and protection of snow leopards by Professor Lyu Zhi’s team from Peking University in Sanjiangyuan, Qinghai; the dedication of Associate Professor Feng Limin’s team from Beijing Normal University in monitoring and protection of Siberian tigers and leopards, etc. In recent years, incidents such as “Giant Pandas Released into the Wild” “Extinction of the Chinese Paddlefish in the Yangtze River” “Yunnan Green Peacock Lawsuit” “A Siberian Tiger Named Wanda Mountain No.One”, and “sian Elephants Going North” have also appeared in the news media, which shows the high concern of the government and people for the protection of wild animals. Fortunately, the clear water and green mountains and environmental protection policies have been incorporated into China's basic national policies, and the future of China’s ecological environment looks ever brighter!